もくじ

1 カサカサ世代万歳 篇 7

2 時には言い間違いも…ポロリ菌 篇 31

3

心して聴く名言迷言 篇

5 ようこそ純喫茶坂橋克明 篇 139

1

カサカサ世代万歳篇

キレがないのはキレないから？

2012.10.24

私の嫌いな言葉の一つに『アンチエイジング』があります。必死になって若さを保とうと、たいていが肉体の衰えにしゃかりきになって抵抗する。年齢にムキになって抗《あらが》うそのさまはむしろ、その年齢の持つしなやかさやおおらかさを大いに損なうものでは。

かといって、必要以上に、怠惰になる必要もまったくないわけで、多くの場合、年齢という魔物に気圧《けお》されて年相応を自ら手放しているケースが多いのではないでしょうか。その年齢でできる最大限のことをやり、肉体の衰えを受け入れ、なじむべきだと思っています。

衰えを恥じることなく公言することで、同世代には「みんなそうなのだ」と、そして下の世代には「そうなるのか」と予習の、上の世代には「そうだった」と復習の機会にしていただければ幸い。恥ずかしいことなどありませんから。

久々に野球をやれば、イメージとはまったく違い、ピュッと矢のような送球どころか、ドローンと嫌になるような送球しかできない。捕球は足が勝手にもつれる。また、スマホの画面がカサカサの指に反応しない、なめなきゃいけないくらいのツバホ仕様。新聞も本も、ロを動かす必要はないのに、読むたびについつい声に出してしまいます。無理をしないように と、体を気づかうようにあらかじめプリセットされた人間本来の機能が本領発揮されていま す。

そんな中でも、比較対象がある時はさすがに気落ちすることもあります。

スポーツやれば体のキレ、会話すれば言葉のキレ、あれこれキレがなくなる中で厄介なの がトイレ。先日もウォーキング途中、おしっこに。便器の前でスタンバイするもなかなか。「よしっ、出たな」と思ったら、後ろから若者がさっと入ってきて、それこそ、パッ、シャーッ、ピッ、スッとそれは鮮やかなまでの一連の流れ。あっという間に用を足し出ていきました。こちらは、あれっ、まだ、もうチョイかな、ふーっ、なんてざま。年を取って丸くなるのは、キレがなくなりキレなくなるからなのか。

こちらのもたもた感をあざ笑うかのような、若者の用足しにはあっけに取られましたが、急ぐものではない。急ぐことが大事ではなく、用を足すのが大事。急いては事を仕損《せ》じる。キレないように、哀愁《あいしゅう》より愛情を感じる自分でいたいものです。

加齢なる一族の仲間入り

2013.11.21

不思議なものだなあと……。決して教わったわけでもないのに、いつのまに刷り込まれるのか、それとももともとDNAに入っていて、それがある時を境に覚醒《かくせい》するのでしょうか。しかも、それをまたうまいこと使いこなすんですよね。若い頃はまず口にしなかった、いやそれはそもそも意識もしなかったもの。

誰に対してでもない「よいしょ」の掛け声。

自然に体が動く時は、必要ないから言うはずもありませんでした。それがある年齢を境に、思わず口をつくようになるんです。

これは「こういう時はこう言うんだぞ」なんて教わることはないはず。小さい時から周囲で誰か口にした姿を目にしていたものに、ある時からスイッチが入り反応するんでしょうか。そのある時というのも、声を出さないと体が反応しないくらいの年齢になった頃です。

南米のサンバやアフリカの音楽の独特のリズムや音への身体の反応は、日本人にはとても真似できないと感じることありますよね。それに対して掛け声のリズムや声は、日本ならではものに感じられませんか？まるで雅楽のような雅《みやび》な、もしくは演歌みたいな。

また掛け声はいろいろなバリエーションを持っていますよね。物を持ち上げる時、その力具合で同じ言葉でも使い分けが見事。「よいしょ」から「よ〜いしょ」など。

また長短も見事で、「よっこいしょ」「よっこらせーのせ」「よっこらせのせのどっこいせ」。

それはまあ力がうまく入るように言葉を巧みに合わせます。

この掛け声って、どこかで習ったのかと聞きたくなるくらいです。たいした適応力です。刷り込まれたのか、ＤＮＡに入っているのが目覚めるのか、年とともに身に付ける笑える作法。

そうした発見を楽しみにすると年をとるのも悪くないものかなと……。

加齢なる一族に仲間入りするのもいいものです。

私、セイが変わりました

2014.02.27

もう私のような世代になると経年劣化が激しいのですが、そんな人ばかりが久しぶりに集まる会では時として誰が誰やらという状況が生まれます。まずは遠くから、面影探しの様子見から始まって、「あれっ、ひょっとしてお前○○？」「お前○○？」といった具合。そうか、いやいや変わっちゃったなあ。でも、頭や腹は幼い頃と大きく変化しても、よく見ると目元や口元は変わらず当時のまま。そこからようやくタイムスリップが始まります。そういった人が多ければ多いほど、会の暖気時間が必要になります。

ところが、そのレベルでないケースも。

ある時催された同級会、メンバーが揃い始めたばかりで、まだざわつく感じ。参加者のKさんは、会場の隅にいるまったく見覚えのない女性に気づきました。周囲の友人に、

「おい、今日貸し切りだろ。部外者がなんでいるんだよ。あれ誰だよ？」

聞かれた友人たちも、

「いや知らない。あんな奴いたか？」

「見たことないよな、あんな女。みんな知らないって」

「誰かの連れじゃねえの、まったくそういうのを連れてくるなっていうんだよ」

そんな、やや憮然《ぶぜん》とした空気の中、Kさんは親友のYさんの姿を見つけました。

「おー久しぶり、変わらないな。そうだちょっと、あの端にいる奴誰だよ？」

「あ、あれか。聡だよ、聡」

「えー、聡って、あの聡？どう見ても女だけど…」

一同仰天。

「聡、こっちこいよー」

Yさんの言葉で近づいてきた聡さん。

「お久しぶり〜。これが私の本当の姿。私ってわからなかった？」

「わかるはずねえだろ！」

一同はまだ驚いたまま。勇気ある告白なんでしょうが、つくづく感心しました、よく来たなと。その後、楽しい時間を過ごしたメンバーは実感したようでした。

「私、セイが変わりました」ってこういうことかと。

年を重ねるということ

2014.04.16

アラフィフの現在、上手に年を重ねるとはどういうことか、と考えてしまいます。ですが日々起きるさまざまなことに向き合うことで、ヒントになるようなことがいくつか出てきます。

まずは「アンチエイジング」ではなく、「アンチ・アンチエイジング」することが大事なのではないかと感じています。不可避な時間の流れに必死になって抗《あらが》うのはなにか違うんじゃないでしょうか。そこには絶対に無理が生じます。

むしろ、その年齢でできることをやっていない方が問題だと思います。時をさかのぼろうとすることではなく、今その年齢でこそできることを最大限やる。マキシマイジング（最大化）こそが必要なんじゃないでしょうか。

そして、「あきらめ」とは違う「受け入れ」。

いつまでも若い頃のイメージを抱《かか》えたままだと、「こんなはずじゃ」「こんなことでは」とできなくなったことに悲観的になりすぎてしまうのではないでしょうか。いい意味での開き直り、「これはこういうものなんだ」と、どーんと受け止める度量を備えないといけません。

自分の意識に染みついたイメージと、実際にできることとのギャップに戸惑うことも多くなってきます。できなくなったなぁ……というストレスがたまると自信を失ってしまいがちですが、それまでに身に付けてきた知恵や能力は無駄ではありません。

醜いものを見なくて済むように目が見えづらくなる。聞かなくていいものを聞かずに済むように耳が遠くなるのです。年を取ってできなくなったことを嘆くよりも、自分ができるはずのことができてないことを見つめ直し、まずはできることの熟度を上げていくことに向き合っていきましょう。

1年を1枚の座布団にでも例えれば、適当に、そして慎重に1枚ずつ重ねなければ座布団はあっという間にバランスを崩します。年は取るのではなく重ねていくものです。

バランスを崩さぬよう1枚ずつ丁寧《ていねい》に、年齢の座布団を重ねていきたいですね。

加齢センサー発動中

2014.08.06

若い頃には言わなかったのに、なぜかある程度の年齢になると違和感なく受け入れ、自分でも言うようになってしまう。それはきっと、人間の体にはある種の加齢センサーがあり、一定の年齢で起動するよう仕組まれているに違いない。

代表例がダジャレ、あんなに馬鹿にしていたのに、いつしか口にしている自分がいます。「そんなシャレはやめなしゃれ」「コーディネートはこうでねえと」のような定番は何度となく聞かされ、いつのまにか刷り込まれるんでしょう。

以前はこうしたシャレを恥ずかしくて使えなかったのに、また聞いた時は間抜けな感じすら抱いていたはずなのに、ふとした拍子に口を突いて出ることがあり、それには自分でもびっくりします。

変な擬人化の表現もこうしたダジャレと同じでしょうか。

痩《や》せている人に対して、「骨皮筋衛門《ほねかわすじえもん》」。もちろん骨皮さんを見たことも会ったこともないし、実在もしないのにイメージがわく、うまいネーミングだと感心もします。名前の記入欄に名前がないと、「これ、名なしの権兵衛《ごんべえ》だぞ」。今時、権兵衛って、と突っ込みを入れたくなります。「〇〇えもん」「〇〇べえ」という名前が一般的だった頃から使われて、時代を超えて生き長らえているのでしょう。これに近いところでは、「冗談はよし子ちゃん」あたりが対抗でしょうか。

そこへいくと、昨今急増しているキラキラネームは、当て字や難読な名前が多く、一見シャレかと思いますが、親御さんは大真面目《おおまじめ》につけてるんですよね。子どもの将来のことを考えると、シャレと受け取られるような名前はどうなんでしょうね。

ところがぎっちょんちょん

2014.11.18

なにもない所でつまずく、青信号から赤信号に変わるのが早く感じられる。つま先を上げているつもりでも上がっていない、普通に歩いているつもりでも以前よりゆっくりになってしまっている。気づかないうちに衰えている体力・筋力は、なかなかはっきりとは自覚しにくいですが、老化は着実に進んでいます。

一方、身体ではなく、言葉のやりとりの中で出てくる老化現象というのもあるのではないでしょうか。

ダジャレをよく言うのはおやじの特徴ですが、若い人が言わないのはダジャレに触れる機会が少ないからではないでしょうか。若いもの同士ではダジャレを使う人間がいないから、蓄積されない。それが社会に出て大勢の年上の人間、端的に言うとおやじと接する機会が増え、その人間たちの使う頻度の高い言葉が蓄積されていって、ある日突然発症するのでしょう。ほら、いつの間にダジャレなど使う年齢になってしまったのかと、自らにショックを受けたことありませんか？

また、言葉をつないでいく時にあれこれ考えず、ふと口をつくのが『おやじ言葉貯金』から下ろしてしまう言葉。ダジャレではなく例えやつなぎ言葉ですが、つい「渡りに船」とか「急《せ》いてはことを仕損じる」とか「噂をすればなんとやら」などのおやじ言葉でしのいでしまう局面が増えてませんか？

他にも、ふと気づくと出ているのが合いの手の言葉。絶対昔は言わなかったのに、つい言ってしまう言葉に「ところがぎっちょんちょん」。「ぎっちょん」ってなんですか？「ところが」といえば「ところがどっこい」。「どっこい」とくれば「おっと」だけでいいところを「おっとどっこい」。さらには「そうは問屋が卸さない」。現代では問屋すら中間マージンカットで簡略化されているというのにね。

「そんなバナナ」のような言葉の変化もですが、合いの手言葉は劣化のさらなる進行の一端の気がします。言葉の変化、表現の変化。気づくうちはまだいいですが、気づかぬうちに進行してませんか？

ではここで、気に入っているオリジナル標語を。

「老化は走るな」

同級会出たくもあり出たくもなし …………………… 2015.04.21

同世代、つまりアラフィフでじっくり話をする機会があったのですが、当然現在の自らの状況、過去の記憶など重なることが多いので、自然と話に花が咲きます。

「この冬は湯たんぽにお世話になった」「もう電気敷布、電気毛布は水分奪われるからカサカサになって大変」、なんて話題が出れば、異口同音に「そうだよね」とみんな話が重なるわ、重なるわ。

番号や名前が覚えられないと言えば「それもそうだよね」とまた乗っかる、乗っかる。いちいち説明を必要としない会話はスムーズに進む、進む。

そうはいっても、同世代でも差が出ているものもあったりする。

ある男性が仲間同士でたまたま会う機会があって、こんな時代なのでＬＩＮＥ《ライン》（無料通話・メールアプリ）をやろうとなりました。久しぶりに会った仲間と、さてどんな会話をするのかと、同級生のＬＩＮＥグループに後乗りで入ったはいいけど、交わされているのは「おはよう」から始まって、天気の話のようなものが中心。それが仲間内で何行も交わされます。

ちょっと待って、これってほとんど安否確認じゃないの。

そのＬＩＮＥグループの中の人たちは、どうやら家族や、他の仲間ともあまりつながりがないようで、ＬＩＮＥをやっていても、結局つながっているのは、他とつながっていない者同士という悲しい現実が露呈してしまい、まだまだ感覚が若いその人は違和感を覚えてしまったようです。

同級生と言ってもそりゃさまざまありますから。

そんな事態もあって、今、当人は迷っています。何十年ぶりに行われるという同級会のお誘い。同級生の変貌ぶり、見たいような見たくないような。でもはたから見れば自分もひとくくりにされそうな恐怖感。

怖いもの見たさの好奇心もあり、和《なご》やかになるはずの同級会とはいえ、実にスリリングです。

加齢で和《なご》みが生まれる

2015.06.19

今日も会社までかみさんに送ってもらうわずか30分にも満たない車の中で、二度も「その会話もう何度もやっていると思うけど」と言われました。デジャビュ（既視感）などと言えば聞こえはいいけど、どうやらこれはそんな類《たぐい》ではなく間違いなく単に忘れているだけ。

この対処法として、昨日リスナーの方からいいことを聞きました。年を取ってきたら、なにかを言う前に「前にも言ったと思うけど」、このフレーズをつけるといいそうです。なるほど「それ前に聞いた」と言われることもなくなり、相手が初めて聞くのであれば「そう、言ってなかった？」と装える。カモフラージュの巧みさもまた年の功でしょうか。ただそのうち「前に言ったと思うけど」と言うこと自体も忘れそうな気がします。

さて、加齢を客観視できているうちはいいのですが、自覚がなくなり周囲を戸惑わすと時に厄介にもなります。こんな分け方があるかわかりませんが、陰と陽の加齢ってあるかも。陽の加齢事象は和みも与えてくれます。本人が真剣なのもいい味のズレ。

私が好きだった番組のコーナーに「ご長寿クイズ」があります。一生懸命考えていて答えれば、前の問題の答えだったり、問題の聞き間違いだったり。その珍解答は受け狙いではない見事な外し方で、その世代にしかできない味がありました。周囲が笑って受け入れるその空気感も大切な構成要素。高齢者社会に大切な空気感を映し出していたかもしれないと言ったら大げさでしょうか。そのうちの一つ。テレビのクイズを、茶の間で回答者の一人のように真剣に食い入るように見つめるおばあちゃん。

「降水量の単位のミリは略されています。それは次のうちどれでしょう」

①ミリメートル

②ミリリットル

③ミリグラム

おばあちゃん自信満々で答えました。

「体積！」

ナイス！だけど、どうやってその答えが出てくるんだろう。受け狙いでは導けません。これだと天気予報は、「今日の長野県内、多いところでは1時間に30体積ほどの雨になるでしょう」となるのかな。

その変化、本当に老化？

2015.08.18

休みの間に何人かの知人に会うことができました。この年齢になると、その変化のさまは大いなる注目点です。劣化の速度は人に寄り加速度的に増していくものですから、楽しみな反面、不安交じりのドキドキも当然あります。自分も同じだけ年を重ねているとはいえ、その重ね方の違いはあるわけで……。

私が会った二人は、まったくと言っていいほど変わることなく若々しくはつらつとしていて、安心するし、刺激になるしとありがたい再会でした。

とはいえ、確実に変化が感じられる点もありました。それは、健康について。10年前はそんなことが話の中心になることはなかったのに、今やそれに始まりそれに終わるくらい。会うや否や、健康のためにとジムに通っている直近のデータを見せられます。ここでお互いのチェックが行われ、その鍛錬度を分析し筋力の衰えに対する先々の心構えまで話し込むことになります。

また別の日に会ったもう一人とは、食べ物の趣味が変わり、脂っこいものは食べられなくなったという話に。食の好みの変化は確実に老いを語ります。また、イライラすることもなくなって自分でも丸くなったと思う、なんて内面の変化に関しても話に花が咲く。ある領域においては老化を悲観的に受け止める必要はないのではないか？体力などに関しては明らかに落ちてきて、これは衰えと認めざるを得ないでしょう。ところが「年を取って性格が丸くなる」というのには、年を取るというマイナスのイメージよりも、穏《おだ》やかさが備わり寛容さが育《はぐく》まれていくという、人間としての成長が感じられます。

また食べ物の好みが変わるのは、消化にいいものを摂《と》るようになるというだけでなく、若い頃にはわからなかった素材そのものの味わいがわかるうえに、煮つけや煮びたし、漬物など、食の奥深さも知ったからではないでしょうか。

物欲がなくなるのは、足るを知るなど物事の本質・核に近づいているからこそではないのでしょうか。

変化の中にある、変化の質をプラスに受け止めれば成長、マイナスに受け止めれば老化。そんな意識づけで変ってくるものはずいぶんありそうです。さまざまな変化を、ただの老化と受け止めることから老いの一歩が始まりますよ。

その老い、本当に老いですか？

生きる気満々

2016.02.12

久々に訪れたある女性の家。なんだか廊下はピカピカ、机もピカピカ、家中いたるところがきれいになっている。

「まーっ、きれいになってること。よくまあ掃除してるね」と感心すると、

「そうじゃないの、気になっちゃって気になっちゃって……」

「なんで？そんなにしょっちゅう誰か来るの？」

「違うのよ、あんた。あたし、ずっと白内障《はくないしょう》だったでしょ。それ手術したらまあよく見えるようになっちゃってさ。そうしたら、家の中の汚れているところがよく目につくようになっちゃって。見えちゃうと気になって気になって、困るのよ」

「とはいえ、家の中がきれいになるのは悪いことじゃないでしょ」

「それよりもあんた。鏡よ、鏡」

「なに？鏡って。汚れてんの？」

「そうじゃなくて、鏡がよく見えるようになって、あたしの顔こんなにシワやシミがあっ

たんだって……。まあよく見えてがっかりきちゃって」

そういうことかと納得しているとさらに続く。

「こんなことだったら見えないまんまでよかったのになんて思う気もするし、でも他はよく見えるし、戻りたいような戻りたくないような複雑な気持ちよ」とこぼす。

「それにうちの爺《じい》さんの顔。あれこの人こんなシミだらけのジジイだったんだって。もうショックで。まあ鏡は見なきゃいけないけど、爺さんの顔は見なきゃいいからね、アハハハハ」

だって。

でもね、シミもシワも見えていいじゃない。まだまだ先があるから気になるのよ。もっとなんとかしたいってね。どうでもよくなっちゃったらおしまいですよ。

シミ、シワが気になるってことは、生きる気満々な証拠。結構なことです。

コントな毎日

2016.05.11

絵に描いたようなおっさん像、コントみたいで笑ってしまいました。

久しぶりに会った友人、近況やらなにやらでお互いの身の上に起こっている変化の話をして、感心することやら感謝することやら、会わずにいた時間の中で双方に起きた事柄を確認し、互いの空白を埋めます。

そんな中に携帯電話を替えたという話題が。ガラケーからスマホに替えたというので、ようやくかと驚いた私に「なんだかわからなくて使い慣れてないから困る」と友人。最初は自分もそうだったなあと、偉そうに思い出していると、突然その友人のスマホが鳴りました。後輩からの電話のようです。しかし、後輩と話しながらメモをしようとして、どうやらなにかを押してしまったらしい。

「あれっ、ちょっと待って、音がスピーカーになってる」と言う彼のスマホからはでかい音が響きます。するとまた、「あれ、テレビ電話になっちゃった、なんだ、これ。俺の顔映ってんの？　これどうやって直すんだ？　わからねえ、これか、これか、あれ違う。全然わかんない」と、ややパニック。なにしろスマホに替えたばかり。

「仕方ねえなあ、貸してみろ」とスマホ先輩面して渡してもらい、見てみるが、えっ、私にもわからない。相変わらずテレビ電話のまま。おかしいなあ、俺も一緒かよと焦ります。ちょっと待て、これかと押すと今度はカメラが切り替わって自分の顔が映り、液晶には焦ったおっさんが必死の形相をうかべています。これか、いやこれか、いやわからない、とやっているうちに向こうも呆《あき》れたのか電話が切れました。

顔を見合わせるおっさん二人。声を合わせて、

「ホント、困っちゃうよなあ、使いこなせないものばっかりで」

情けなく思い、家に戻ってきたもののさらなるおまけがありました。このところ愛用している拡大鏡を、どこに置いてきたのか見つからない。動線をたどろうにも動線が思い出せない。結局いまだ見つからず。メガネにもＧＰＳを取り付けたいと思いましたが、この状況では、つけたことも忘れるはず……。

ジジイの日常にはコントがあふれています。

2

時には言い間違いも…ポロリ菌 篇

漢字の読み書きできますか？

2011.04.15

今、みなさん会社や家で当然のようにワープロソフトを使っていますよね。本当に便利でしょう。なんでも打ち込めば、漢字に変換してくれるし。『憂鬱《ゆううつ》』だって『薔薇《ばら》』だって『醤油《しょうゆ》』だって自分で書けなくても全部書いてくれるでしょ。

だから、いざ慌ててメモを取るっていう時、こう思いませんか？「あれ、どういう字だっけ？漢字書けなくなったなあ」って。確かに実感あります。でも、ワープロで変換するといっても、その言葉を知らないと正しく変換できません。これは、読み方は知っているけど書けないというパターンです。その漢字は読めるでしょう。

ところが、言葉は知っているけど漢字で書けないし、書いてあっても読めないというのが困ります。

先日あるコンサートに行きました。開演前に場内アナウンスがありました。

「本日はお忙しい中ご来場ありがとうございます」。

おー、ご丁寧《ていねい》にどうも。

「他のお客様のご迷惑になる行為はご遠慮ください」

そりゃそうだね、マナーは大事だし。

「それでは、ご協力〝なにそつ〟よろしくお願いします」

「え？ なにそつ？」

そうです。おわかりですね。

確かにそう書きますが、そうは読みません『何卒』。

原稿を用意した人は『なにとぞ』を『何卒』と漢字変換はできていたんでしょう。でも読み手がね。『なにとぞ』を聞いたことはあっても、漢字で『何卒』と書いたことはなかったんでしょうね。残念でした。

でも、ワープロばかりに頼っているとひとごとじゃないですね。気をつけないといけません。

方言はアイデンティティ

2011.04.29

まさにこの番組のタイトルがそのものなんですが、『方言』についての話。

方言は、その地方独特の言葉。その地方では説明を必要としない、微妙なニュアンスもあらわす言葉。全県ではなく各地域でのみ通じる方言もまたあるわけです。ことによっては方言を方言で説明することもあります。「『こそばい』っていうのは、『もぞっかい』ってことだよ」なんて。

こうした言葉そのものでなくても、アクセントの違いも広い意味で方言に含まれます。その語自体は一般的だけども、アクセントが標準語ではないもの。『半袖・半ズボン』がいい例です。長野県では平板でなく『は』にアクセントがきます。一般的な名詞でも、耳なじんだ地域や人の名前になると、やはりアクセントが気になります。

全国ニュースでアナウンサーの地名の読み方に違和感を覚えることがありませんか?本来はその文字とともに地元での読み方が広まるのが、地域のアイデンティティだと思います。例えば諏訪・伊那などを発音する時にアクセントを頭にもってこられると、これがどうにもしっくりきません。

また、よく耳にする名前で地元とその他の地方でアクセントが異なる時は、複雑な気持ちになります。自分の地域の読み方にこだわるのか、他の地方の流儀に従うのか……。「原監督」と発音する時に『は』にアクセントがくる言い方をするところもありますし、「竹井」も『た』にアクセントがきたり平板だったりします。

自分で変えたり、上京した際に周囲の呼び方に自分が合わせてしまうケースもあります。当番組のディレクターは上條ですが、われわれは『か』にアクセントを置いて呼びます。でも、ディレクターの地元では平板で呼ばれるそうです。ある時、同郷の同姓の人に頭高のアクセントで自己紹介したら「お前は故郷を捨てたな」とまで言われたそうです。

あなたは方言・アクセントで、県外に行ってもアイデンティティを守り抜く信念をお持ちですか？

タメ口接客はご勘弁

2011.09.09

どうにも残念なことってありますね。しかも何度も出会ってしまう。まず言っておきますが、全部が全部、全員が全員ということではもちろんありません。

先日もまたあったんです。タクシーの運転手さん。こちらには、お客として乗ってやってるなんて意識は毛頭ありませんが、やはり不快なんですよ、タメ口。

「こっちの道の方がよかったね」

「混んでるね」

大体乗り込んで行き先を告げた後に返事もないところから嫌な予感はしていました。お抱《かか》えで何度も乗ったりして気心知れてくればともかく、タクシーは一期一会《いちごいちえ》。車内という密室の中のこの距離感で、この空気は最悪でしかありません。混んでいる時などは選べないし、乗ったが最後、料金払ってストレスをためることになろうとは。その個人への心象はもちろんですが、会社や業界へのイメージにもプラスにならないと思うんですけどね。

従業員教育の質は容易に想像がつきます。およそサービス業という意識がないのでしょう。

乗せてやってるくらいの気持ちなんでしょうか。わかっていればこちらも乗るはずないんですけど。挨拶《あいさつ》もできない、言葉づかいも知らない、個人の職業意識の低さは残念で仕方ありません。

運転手に限らず、いい大人なのに「いいよね、それ今売れてんだよね」と平気で恥知らずな言葉で接客する店員のいる店もあります。いやいや、私はあなたの友だちじゃないんだから。

フレンドリーな雰囲気とは、決して親しげな言葉づかいをするわけではありませんよ。そのことすら理解できない人間が多いのでしょうか。扱う商品まで魅力が失せてしまいます。

観光地として大勢のお客さんが来る長野県。訪れたお客様にマイナスのお土産を持たせることは避けたいですね。

言い間違いと思い違いはご用心

2012.01.13

緊張のあまりからつい、あるいはずっと思い込んでいてと状況は違っても、言葉の言い間違いでしくじった経験は誰しもあるのではないですか。

前者でいえば大事な結納《ゆいのう》の席で「ふつつかな」と言おうとして緊張のあまり、口から出たのは「ふしだらな娘ですが」。先輩への惜別のメッセージの際、感極まって「いちいち、お世話になりまして」、これまた「いろいろ」の言い間違い。いやいや、決して悪気はないんです。

また、ピンボケのようなやりとりもあるでしょう。美容院で洗髪中「かゆいところはございませんか」に「背中！」。仕上がったところで「前髪これでよろしいでしょうか」に「もう少し長く！」ってどうすればいいのよ、という状況など。いくらでも出てきそうです。

その他に話が人づてになるとおかしくなる時もあります。素敵な相手と結婚した人に対しての感想で「うまくやりましたね」となにか狡猾《こうかつ》さを抱くような、お祝いに似つかわしくないコメントをある人が言ったと。でも、よくよく聞いてみると「やってくれましたねえ」という感心の意味を込めたコメントだったそうです。どこでどう間違ったのか、あの人ならいかにも言いそうだという先入観で、だれかが脚色を少ししたのでしょうか。

つい最近もそれに近いことがありました。私がお邪魔する先で、私の紹介プロフィールを作りたいというので、インターネットのホームページから抜粋するということになりました。そのホームページには私の趣味・特技などとともに、苦手なものとして『段取りが悪いこと』と書いてあるんです。時間を有効に使いたいので、打ち合わせなども無駄なくやりたい。段取りがしっかり整っていないのは嫌なんです。そういった意味で書いてあるんですが、先日出来上がってきた資料を見てみると、

「坂橋克明、タイガース命・モットーは明るく・楽しく・元気よく。意外に段取りが悪いらしい」

えっ、なんでこうなるの？ぱっと見て『苦手なもの＝段取り』と思い込んじゃったんでしょうか。それともそんな先入観をもたれている？

言葉は新陳代謝《しんちんたいしゃ》する

2013.01.25

スタジオ以外でもスタッフと会話は日々交わされていますが、そんな中で心に引っかかったり、ピンときたりする言葉がいくつもあります。スタッフはお世辞にも若いと言えない世代が多いので、なつかしい言葉が耳に入っては心に留まるケースが多い。なかにはかつてはなんとも思わず使っていたのに妙におかしく感じるものも。

最近の印象的な一言。

「あっ、そのネックレス。メーカー品?」

確かに昔はなんの違和感もなく使っていた。ちょっとよさそうな感じの服やアクセサリーなどに「さすがメーカー品、違うな」と。

しかし、改めて聞いて笑いました。よほどの自家製手作りじゃない限り、みんなメーカー品なんですよね。今や『無印良品』というメーカーがあるくらいなんだから。もちろん一流メーカー品とでも言いたかったのでしょうが、その『一流』が抜けてしまって、聞くと間抜けな感じになります。今ならブランド品というのでしょうが、これとてどの商品にもブランドは全部あるわけですが。

厳密にいえば船で来てこそのものなのに、空輸がほとんどの時代になってもつい『船来物』と言ってしまいます。フランスに『お』をつけて『おフランス』と言うのはさすがに今はないでしょうが、かえって安っぽい高級感を出してしまう時代感はいとおしくさえあります。特にせっかくの新しいものや気品を台なしにするこの『お』は曲者《くせもの》です。『おニュー』や『お街《まち》』はむしろ嘲笑に変わります。

言葉は生き物とはいえ、その時代には違和感をもたれなかったものが時代を経て、その色があせたり妙な変色をしたりするのはノスタルジーを生みます。時代のズレの感じが醸し出すものは、良きにつけ悪しきにつけ、時の流れをつきつけます。

言葉の新陳代謝、かくも早いものかと最近思います。言葉なみに代謝がよければ人ももっと成長するのに……。時の経過の前に負けている自分が悔しい。

日々の会話が話術を上達させる

2013.02.13

聞く気で聞いているわけでもないのに、どこかで聞いたような話を耳にすることはありませんか。でも、しゃべっている人も違うし、内容も一緒じゃない。

「あっ、そうか。これか。この口調だ」

それはいわゆる私も含めてのジジイ・ババアの特徴的な口調や口癖。

行動の前に口走る。自己確認と気合。「新聞でも読むかな」「お茶でも飲むかな」というようなものに、「どっこいしょ」「よっこらせ」なんて感じのもの。発展系ではそこにアレンジがきき「どっこらっせのせー」「よっこらせのどっこいせ」なんてなる。

それから繰り返し型「そうだそうだ」「やだやだ」「誰々」。さらに小さい「つ」が入って跳ねる、あるいは一文字多い「けろっけろしてる」「ばったんばったん」「ころんころん」してるなんてのもあります。

そして今回気づいたのは、会話の命令口調で夫婦の熟成度がわかるというもの。

会話を生き生きさせるものに、会話の中に会話文を入れるというのがあるんです。例えば

「主人が『やってくれないか』というので」というような家庭の会話。そこのこなれ具合が世代でよくわかる。若いうちは会話も使わず、「主人に頼まれて」と会話のライブ感が伝わらない。それが何年か経つと「主人が私に『やっておいてよー』っていうから」なんていうように変わる。

これが熟年になるとその会話の感じも本当にそう言っているのか、それとも自分流に平たくしたのか、「うちんのがさあ『おめえやれー』っていうから」「『めんどくせー。そのへんにおいとけ』っていうんで」となる。この間接話法、直接話法の用い方、夫婦の熟成度が計れて味わい深いです。

話術のヒントは日々の会話にあふれています。そりゃ会話がなければ話がうまくなるわけないんだよなあ。

おばちゃんに学ぶこと

2013.03.13

プライベートでは1年ぶりくらいでしょうか、東京に行ってきました。東京で電車に乗ると、こちらでは耳にできない会話の数。もちろん聞きたくて聞いているわけではなく、勝手に周囲の会話が入ってきてしまいます。聞く気でなくても耳に残るもの、やはりおばちゃんたちの話は魅力的です。

まずは行きの新幹線のこと。おばちゃんは、グループで行くと椅子を向かい合わせにしないと気が済まない。六人グループが椅子を早速直して、席に着くと同時におしゃべりが始まります。そして、おもむろに一人のおばちゃんが袋をがさごそ、なにかと思いきや持ってきたマドレーヌを配り出す。配った後にはルールの確認。

「だめよ、まだ開けちゃ。車内販売のコーヒー来てからだから」と仕切る、仕切る。せっかく渡されたのにお預けかと思ったら、そこは慣れたもの、次の矢が。「それまではこれ」と、次の袋から出されたのが、むかれて食べやすく小さく切られたリンゴ。その段取りのよさにはほとほと感心。そして中心メンバーが、それぞれの予定をメモで確認。こういう人が一人いると本当に助かるんだろうけど、はたで見ていると一つの会社の部署みたい。そして都内でも電車でまたおばちゃんたちの会話が繰り広げられています。私の隣では「この間、○○さんの家にオレオレ詐欺の電話があったんだって」。呼称の変更の浸透度がよくわかります。おばちゃんたちには『振り込め詐欺』っていうよりわかりやすい。

「息子が不祥事起こしたなんて言うと親は内密に処理してやろうって思っちゃって出しちゃうらしいのよ」

「あの人なんかまあ豪快でそれですんだならよかったじゃない、だって。あの人らしいわね」

「最近の若い子は冬だってレースみたいなの着て、寒そうで」

飛び交う車内のいろんな会話だけで、いくつもミニドラマが作れそうです。愛すべきおばちゃんたち。あのパワーに触れるとまだまだ修行が足りないと思わされます。

そうなんです、おばちゃんたちの会話にはなぜか耳がひきつけられる。なぜならまったく意識していないのに、倒置法・間・会話文など、あらゆるテクニックが実は凝縮されているのです。そしてネタも豊富。うまい話し方のコツはおばちゃんの会話に満載されています。おばちゃん話術。学ばせていただきます。

おばちゃんたち、大好きです。

想像がふくらんでしまう言葉

2013.08.07

この番組でもたまにどっとメッセージが寄せられます。「聞き間違い・言い間違い」の話。
「感性を磨くためには、○○を刺激するのが大事だ」と言うのを聞いたおじいちゃん。「ほーそんなところをなあ」と返事をしながらニヤニヤ。どうやら『五感』と『股間』を聞き間違えているようです。

沖縄土産《みやげ》を頼もうして、「部長、ちんすこう買ってきてください」が「ちん○すう、お願いします」と言ってしまったり。

そうしたものではなく、言葉自体は一字一句まったく間違っていないのだけど、また同音異義語とも違う、聞くたびに勝手に想像をしてしまう言葉があります。

『肉体疲労時』は体が弱そうな青白い顔をした子どもが頭に浮かぶ『肉体疲労児』。台風が過ぎ去った『台風一過』は、台風のお父さん・お母さん・子どもと勢力の違うものがひとまとまりとなった『台風一家』。そして、悪いニュースなのになぜかプレゼント当選に聞こえてしまう、『汚職事件』が『お食事券』。

原稿を読みながら、ニュースのたびに頭の中にはそんな勝手なシーンが浮かんで的外れな受け止めになることがあります。

そんな中、毎回引っかかって頭の中で進化してしまったもの。実際にお仕事されている方とはなんの関係もないし、バカな結びつきになってしまい申し訳ないのですが『薬剤師』。お薬をきちんと面倒みてくださって助けていただいているのですが、頭の中では薬剤を扱うスペシャリストではなく、『やくざ・いし』という言葉が残ってしまい、こわもてのお医者さんが脳内をぐるぐる。

「野郎、なんで早く来なかったんだ、のどが真っ赤じゃねえか。あったかくしてろ！」「こんなに熱いじゃねえか、すぐ解熱剤打つぞ！」という医師の姿が思い浮かぶ。でもいそうな気もするし。

こんなこと言ってるからニュースの担当から縁遠くなるんだな……。

不安でしょうがない

2013.10.08

知っている、覚えている言葉数が絶対的に少ない子どもとの会話ではよくありますが、大人同士ではふとした思い込みや注意力の差で、会話がかみ合わないことがあります。まして や朝の忙しい時や、かえって時間がありすぎて注意力が散漫な時には要注意。

長野市内に木の上の鳥たちのフンに大迷惑している通りがあるのですが、そのことに関して朝一番で「もうあそこ鳥がすごいのよ」とAさん。すると「出勤時間だからね～」とBさん。これを聞いてAさんは、大量の鳥のフンが落ちてくるのは夕方だし、出勤時間にはまだそんなに鳥は来ていないのに……。微妙に会話がかみあってないなと感じ始めるAさん。

続けてAさんは「車きれいにしてもすぐ汚れちゃうし」というと、BさんはBさんで「そうは言っても排気ガスを出さずに走れる車はないし……」と、Aさんて神経質な人なのかなあといぶかしがっている様子。

ズレが大きくなった会話でAさんはやっと気づきました。Aさんは、『鳥』がすごいと言ったのに、Bさんは『通り』がすごいと聞いていたのです。鳥のフンと交通渋滞。お互いに迷惑なもので会話を続けていたのでした。でも一瞬でもかみ合うのが妙なもの。

先日ラジオの投稿では、母親が娘に買い物を頼んだのですが、娘はなにを買うのかと聞くと母親は商品の名前を言わずに、とにかく心配だとばかり繰り返します。

その母と娘で繰り返された会話はこんなものでした。

「不安でしょうがない」

「だから買ってくるから安心して。なにを買うの？」

「だから、不安でしようがない」

「いいから、心配ないって。なんなのよ」

ついにキレたのは母親。

「だから〜、ファンデーションがないのよ！」

ファンデーションがない、不安でしょうがない。

う〜ん、確かに聞こえる……。

おばちゃんの会話術

2013.12.06

話し方・コミュニケーション術について講演をする機会が、何度となくあります。その際にこんなことを言っています。

「まわりのおばちゃんの会話に耳を傾けてみてください」

そこには無意識のうちに培《つちか》われたテクニックが散りばめられているのです。絶妙の押し引き、間、言葉の置き換え、それはそれは巧みな話術のヒントがあふれているのです。

「ちょっとあんた聞いた？（間）あら知らないの？どうしようかな、言っていいのかな（じらし）、やっぱやめておこう」

フック、じらし、間。見事なまでの演出が見えることがあります。いつどこで身につけたのでしょうか。でも、ある年齢層になると似たような話し方の人が本当に増えます。

年齢とともに人に話すためじゃなく自己確認による口調が特徴なのかな、と最近感じます。

こういう口調の人いませんか？

「先日○○に行ったのよ。そこで△△を買おうと思ったの。で、売り場に行ったたってわけ。

そうしたらないのよ。さあ、困った。店員さんを探したら、そんな時に限っていないの。で、必死に見つけてこう聞いたの。△△ないんですか？」

「そうしたら店員さんなんて言ったと思う？『そのへんにないですか？』だって」

「そんな言い方ってある？もうあたし頭にきて、そのへんってどのへんですかって、そう言ってやったの」

「びっくりした顔してたわ」

「もう二度と行かないあんな店」

もう、立派な語り手。

これでもわかるんですが、自分の行動を確かめながら順を追って箇条書きのように話す人がいるんですよ。そして心の声を織り交ぜ、最後は言いたいことを言ったすっきり感一杯でこう締めるんです。「そう言ったの」あるいは「そう言うんだよ」。

この決め言葉、決まりがいいんです。おばちゃんの会話術、一生学ばせていただきます。

思い込みにご注意

2014.01.21

妙な名前とは思っても実際にあると思っていた私の友人は、『バチカン市国』を『バカチン市国』と思い込み。また寄せられたメッセージで、沖縄土産の『ちんすこう』を自分が間違って思い込んでいた文字順で上司に大声で頼んだ部下の話。思い込みというのは言葉を発してこそ気づく、実は一生間違って思い込んだまま過ごしていくことも、なきにしもあらずなんだろうなと思います。

先日もかみさんとの会話でありました。テーマはファッション。

二人ともなんの疑問も持たず、会話を進めていたら聞いていた子どもが笑い転げている。我慢しきれず言った言葉は、「それゴスリロじゃなくてゴ・ス・ロ・リ！」どっちがどっちだかもわからぬ、中途半端な理解者二人だと会話はこんな調子です。

ところが双方に理解があるのに、また当人も言っているつもりでも、出ている言葉は違うということも。スタッフの母親。仲間内との会話で、

「この前ソーセージに行ってきたのよ！」

聞いた方は全員？

「ソーセージ？」

「そうよ、ソーセージ。やだ、あんた知らないことないでしょうに」

「それはいや知らないことはないし、好きだけど。行くってどういうこと？ソーセージに行く？工場？」

「工場ってなによ？ソーセージ！あの雷門がある」

一同あ然。

「あんた、それ浅草寺《せんそうじ》」

言われたお母さんは、

「そうよ、浅草寺」

言っているつもりが言えてない、でも指摘されても言っていたつもりだからなにがなんだかになります。言葉の覚え違えに言い間違い、勘違い。

言葉が増えるほどに間違える確率は高くなり、そして年を取ればその頻度もまた高くなります。でも失言・妄言よりはいいか。

つければいいってもんじゃない

2014.05.16

ただつければいいってもんじゃないと思うこともありますよね。つけることでなんとなく品がいいような響きになる『お』。品のよさを示す言葉にさらにつけてくどくどした感じになってしまう気もする、お上品の『お』。

代表例が『お』をつけても普通の瓶入りのものが高級になるわけでもないのに、つい使いがちな『おビール』。これらはつけない方が自然でしっくりくる気します。

また使う人によってはそのギャップに「くすっ」となってしまうことも。

例えば山登りの途中にある場所を確かめて、そのままつい復唱してしまったのを聞いてしまった時。

「母さん。お花畑はこの先にあるって」

いいおやじがなんだか急にメルヘンチックな雰囲気を醸し出します。

また名称もそのままだし、書いてあるから正しいのですが、先日も医者に行った時に出てしまったやりとり。

「今日は持ってこられましたか？」

「いけない忘れちゃった、お薬手帳」

なんだかこれまた甘い薬ばかり出されそう。お寿司、お弁当、お酒くらい一般的な『お』とはまた違った可愛らしさがあります。

さらに持ち上げているのか、落としているのかわからない『おフランス』なんてのはどうしたものでしょうか。なんでフランスだけ『お』をつけるのか、憧《あこが》れが強すぎるせい？『ドイツ』はあっても『おドイツ』はない。同じようにおしゃれな国として知られるイタリアも『おイタリア』とは言わないし、情熱への敬意を表しても『おスペイン』とは言いません。おかしなものだと思っていたら、つい見落としていました。

もうひとつありましたね『オランダ』。

あれっ、なんか違う？

プラスの物言い、マイナスの物言い……………………2014.05.23

おもてなしの達人、高野登さんとのトークショーがありました。当然言葉に関することを踏まえてのものでしたが、その中で普段から言葉への細かな意識を持つことで受け取られ方も変わるという話がありました。

話の中で「福の神が寄ってくる言葉づかい」というものがありました。たった一字の違いでもまったく印象が変わります。例えばオーダーするにしても、「それでいいです」というフレーズを「それがいいです」にするだけで伝わり方がまったく違ってきます。本人に他意はないにしても、前者は妥協の産物で後者は積極的選択になり、受け取る方にとっては大きく変わります。

告白をされる時、「君でいい」と言われるのと「君がいい」と言われるのはどちらが好ましいか、言うまでもないと思います。こんな細かな意識でも積み重なると、伝わるものが変わっていきます。言葉一つで知らず知らずのうちに、負の印象を相手に与えているかもしれません。

また同じ指摘でもプラスの物言い、マイナスの物言いがあると言います。問題回避型という後ろ向き、やってはいけないことにフォーカスする物言い。例えば野球の指示では「下の球は手を出すな」というもの。一方で目的志向型は前向き、やって欲しいことにフォーカスする物言い。同じ指示でも「上の球を狙っていけ」という言い方。

両方とも狙うべきボールは同じなのにもかかわらず、言い方一つで集中する方向が大きく変わってしまいます。片や委縮を生み、片や好球必打に集中できるでしょう。言葉を変えると、感じ方が変わるだけでなく、筋肉にまで影響を与える（キネシオロジー）そうです。

部下への指示など、結果的にマイナス方向への指示になっていることはありませんか？アドバイスというのはするべきことを伝えるものですが、正しい伝え方をしないとマイナスに働く場合もあるのです。

そして声は音であり、音は心を通さないと伝わらないとも言われました。『音』の下に『心』で、意志の『意』の字となります。自分の心をしっかりと伝えてこそ意志になるのだそうです。

大きな声を出しても心がなければそれは相手には伝わらない。耳で聞いて心にも効く、そんな言葉を発していきたいものです。

言葉のブーメラン

2014.12.11

よく「言った言わない」の水掛け論なんて言いますが、言った言わないで面倒なことになっている例は、きっと今日もどこかで起きていることでしょう。でも、確かに言った覚えはあるのだけれど、改めてしっかり言われるとなんとも気恥ずかしいということありませんか?

番組で芸能人の過去のインタビューや映像が紹介され「将来はこんな俳優、こうした演技をしてみたい」などと語っていて、現状とかけ離れていて思わず笑ってしまう、からかわれる対象になるということがあります。

そんなシーンを収録している人は、果たしてどんな思いで見つめていたんでしょうか。ひとごとだと思っていても、こうしたことは一般人でも同じように起こって恥ずかしい思いをするのです。

先日美容院に行った時の話。

「今回どうしましょうか?」と言われて、

「前回みたいでいいのかなあ」と答えると、

前回いつの間に取っておいたんだろうという顧客ノートを開いて、「えー、前回は上の部分の長さがACミランの本田選手のようなイメージでということでした」と言われてしまいました。

何気ない会話の中で軽く言ったつもりですが、記憶ではなくしっかり記録されていると逃げようもありません。

「いやー、あの、そう、それは確かに言った記憶はあるけど改まって言われると……」

むちゃくちゃ恥ずかしくなり、店内のお客さんに聞かれてないかとドキドキ。店員さんに真顔で言われたのもなんとも恥ずかしく、その後は顔もよく見られなくなりました。おまけにいったいどんな思いで「本田選手のように」とメモを残していたのだろうと考えると、また気恥ずかしく……。

何気なく発した言葉でも、ふとした時に自分に帰ってきて確実に打ちのめされます。

「あたしってこう見えても」なんていううかつな発言は、ぐるっとまわって自分に刺さり深い傷になりそうです。

「指さし確認」をしてみても

2015.04.24

時どき、ちまたにある標語やことわざなど本来の意味を額面通りではなく、転用したり裏解釈できるものがあるなあ、と考えたりします。

「かゆいところに手が届くサービス」

うーん、かゆいところに手が届くのは若い証拠。かゆいところがあっても肩が上がらない、ひじが固いので手が届かない。これは若々しいサービスのことかと突っ込みたくなったり。

「廊下は走るな」

小学校の時によく見かけた標語ですが、元気一杯の子どもたちのこと、有り余るエネルギーが走らせるのですから仕方ないと思います。でも今、この年になってくると「廊下」は「老化」に聞こえて仕方がありません。そう勝手に老け込んでいる場合じゃない。老化は走らずゆっくりきてほしい。高齢化社会に向けた標語としか聞こえません。

そして最近日々感じるのは、駅のホームで駅員さんのための表示。

「指さし確認」

その言葉を聞いたり見たりすると、昔は指など使わなくても名刺の電話番号など目で追うだけで記憶して伝えられたのになあ、そんなことを考えてしまいます。それが今や番号を指で一つずつ追い、なおかつ口にしながら重複確認しています。目で追うだけで頭の中でイメージできたものが、今や指で追って、指を折って数えないと何度も数え直す始末。いやいや、指を使っていても違ってしまうというありさま。

でも、これで気を付けないといけないのは銀行などにあるＡＴＭです。後ろから見えないようにして画面をタッチしていても、一つずつ暗証番号を口に出して押している人がいます。聞くつもりではなくとも聞こえてくるのですが、こちらも「聞いちゃってごめんなさい」と勝手に申し訳なさを感じます。

なんでも口に出すのは時にいさかいの元になるのでしょうが、口に出さないと体が反応しなくなってくるのは仕方がないこと。とはいえ寂しいものです。

ペロリ菌とポロリ菌

2015.06.10

コーナーにまでなってしまった言い間違い。

『人間ドック』を犬人間にしてしまう『人間ドッグ』。

大物のはずが小物になってしまう「俺のバッグには誰がいると思ってんだ」。バック違いなどカタカナが絡《から》むものは実に多い。

しかし、われわれの小さい頃と比較しても間違いなくカタカナの言葉が多くなってます。世代的にはそれになじんでいない世代、それが年を取ると余計に面倒です。言っているつもりでも言えてない。そんなの山ほどあります。聞いたつもりでも正しく入ってないし、その場の会話が成り立てばという程度の記憶ですから。

つい先日聞いた話にもこんなものがありました。

「膝《ひざ》が痛くなってきたからグルミコサン飲まないと」

「えっ？」

「グルミコサンだよ、グルミコサン。知らないのかいお前？」

一瞬引っかかるが、あまり堂々と言われると違和感なく聞こえてくるし、あれどちらが正しいのか。

「お母さん、それを言うならグルコミサン。グルミコサンじゃないって」

訂正している本人もわからなくなる。それ正しくはグルコサミンですから。

またある家庭。健康診断の結果を話していました。

「あたし検査でピロリ菌が見つかっちゃってさ……」と姉が言うと、

「でも処置すれば大丈夫だっていうじゃない」と妹。

そうねなどと話して、一夜明けました。

翌朝、姉が「あのさ、昨日話した私が検査で見つかったのってなんだっけ？ポロリ菌？ペロリ菌？」それを聞いて噴き出す妹。お姉さん、インプットが適当すぎます。

ポロリ菌に間違えられた、ピロリ菌に妙な同情をしました。

でもお兄さんならあり得るかも……ポロリ菌。

手が足りない

2015.10.05

聞き間違えかと思いドキッとすることありますよね。でも、よく聞いてみても決して間違いじゃない。

いったいどうしたんだろうこの人は、あるいはこの人こんな人だったんだろうかと誤解してしまう。でも、よくよく考えると互いに思い違いをしているのですが、それぞれ思い込んだまま確かめることもなく、そのままやり過ごして誤解が距離を遠くすることになったらやるせない。

「ふつつか」が「ふしだら」となれば、あえて注意をしなくとも片方は言い間違えたんだろうなとわかりやすいし、指摘することで恥をかかせることもありません。しかし、間違いかどうか判別しにくい時はどうしたらいいのでしょう。

ある高齢者の集まりの場のことです。

一人のご婦人が「私さ……、やっぱり男が欲しいんだよね」と思いがけない一言。

そんな爆弾発言にざわつくお仲間。

おとなしい人とばかり思っていたのにと、みんな戸惑いの表情を浮かべます。とはいえ、みな同世代ですから瞬時に思いを巡らせます。

高齢者の性の問題も取り上げられる昨今、そりゃ身近にあっても不思議はありません。そうだ、今まで一人で生きてきたけれども、やはり寂しさはあったんだなと心を通わせようとして「そうね、年を取ってもね」とやんわりと相づちを打ちます。すると、

「年取って女一人でいると、なにかと困って。やっぱり男が欲しいわね」

「そ、そうね」

ムムム、よりリアルになった言葉に周囲はドキドキします。

「年取ればなおさらよ。重いもの持ったりできないし。高い所のものは取れないし」

一同一瞬の間が空き、考えます。

「それ男じゃなくて、男手ですから」と、みなさん心の中で突っ込んでいたことでしょう。

作りすぎは厄介

2015.11.05

誰もがまったくの素の自分を見せているわけではなく、それなりに使い分けています。人前といっても家族の前と、同僚の前、友人の前とみな違う顔。器用に対応しているわけです。まあ言うまでもなく家族の前がありのまま。まあ人によっては家族にすら本当の顔を見せずにいるという人もいるかもしれません。

家族でなくとも、普段の様子そのままに社会でいるということもそうはないでしょう。お客様相手に、失礼にあたる振る舞いなどもっての他です。公私の区別はしていることでしょう。ありのままの立ち居振る舞いがそうなのか、または公私を完璧に使い分けているのか、どちらにせよ人に違和感・不快感を与えない応対は気持ちのいいものです。

ただ、感じのいい人だと思っていたところに、つい普段の顔が覗《のぞ》いた時、その人の「無理」や「作った部分」が妙に引っかかってしまうことってありますよね。作っていてもとっさの時、一瞬の気の緩《ゆる》みで出てしまった素の部分。

スーパーのレジを担当している女性。いつも髪形などが整っているし、おまけに顔立ちもきれいで清潔感に美が加わり、好感が持てます。お客様への応対も言葉づかいも、「いらっしゃいませ」「ありがとうございます」などの挨拶《あいさつ》もはきはきと気持ちよく、お辞儀なども礼儀正しい。空いていれば必ずその人のレジを通りたいくらいです。

とある時、いつものようにレジに並ぶと「いらっしゃいませ」と素敵な笑顔で迎えてくれる彼女。買い物品をレジでチェックしていきます。

バーコードを通すと商品名と値段が表示され、声出し確認しながら、いつものレジ仕事を進めていきます。改めて見ているとレジ表示より先に声出し確認をしています。一つ一つ商品を通していき、今度は野菜をスキャンしていきます。

「ニンジン83円、ダイコン118円」と続いて、緑の野菜を手に。レジを通した表示は「ピーマン」でしたが、美しいレジ女性の口からは「パプリカ」。そして間髪をいれず「じゃねえや、ピーマン96円でございます」。声出し確認で瞬時に反応した言葉「じゃねえや」、からの「ございます」。

普段の顔が見えて複雑な思いをしました。外の顔に、ふとあらわれた普段の顔が与えるものは安心でしょうか、落胆でしょうか。

作らないのは論外、作りすぎるのは厄介。

あなたの気持ちと私の気持ち

2016.04.20

「これ一両日中にお願いね」。なんとなく聞きもするし、まあ速やかにくらいの印象で、多少の猶予を勝手に作って対処している言い回し。これはいつまでを意味するのでしょう。辞書にはしっかり「1日または2日」とはあります。英語で「in a day or two」。でも実際には可及的速やかにくらいの受け止めの人も多いのではないでしょうか。例えば手形とかであれば、そんな誤解から不渡りにでもなったらえらいことです。このように意味がしっかり決まっているものはまだしも、もっと抽象的・観念的なものになると厄介です。

大幅割引を意味する「出血サービス」。夕方のスーパーでタイムセールの時間によく見かけます。辞書にはちゃんと「出血＝損害をこうむること。犠牲を払うこと」と出ています。でも、「なめときゃ済むぐらいの気づかないほどの切り傷の血、絆創膏《ばんそうこう》を貼っておくくらいの出血なんじゃないの?」と受け止めてしまう場合もあるでしょう。

さらに「気持ち」というのはなんなんでしょう。これまた辞書には「感じや心の中の思い。快・不快などの感覚。気分」などの他に「副詞的に」とあるんですよね。「気持ち大目に」「気持ち早めに」と言いますよね。ほんの少し。ちょっと。心持ちといった意味でしょう。

問題はこれまた、その気持ちが受け手と一致するかどうかです。

髪の毛を切りにいって、

「前髪これでいいですか？」

「もう気持ち切ってください」

「はい。どうでしょう」

「えーっ、気持ちって言ったじゃないですか。これじゃ切りすぎだよ！」

「いや気持ち切ったつもりですけど」

「いやだから、あなたの気持ちと私の気持ちは違うんだって！」

「すいません、気持ちは合っているつもりだったんですが」

「気は合ってるつもりだったんですが、その『気持ち』は合ってなかったんですかね」

気持ちが合わなきゃ、「気持ち」の尺度は違います。

3

心して聴く名言迷言　篇

プライスレスなサービス

2011.01.19

自動車は行動範囲を広げてくれる便利な乗り物です。一家に一台、今では一人一台の家庭もあるように所有台数も増え、大きな駐車場を備えた郊外型店舗が利用しやすいのも理解できます。

しかし、今でもしっかりと隣近所のお店というのはあるわけです。価格面や品揃えなどで苦戦を強いられてはいるようですが、そんな中でも頼りにされているお店にはそれなりの理由があると思います。

うちも懇意にしている電気屋さんがありますが、やはり一番は「気軽さ」「付き合いの密度」です。すぐ来てくれるという安心感や、なんでも相談できる部分は断然近さを実感します。

義母の家の近くにも「年寄りの一人暮らしの家は、とにかく優先して来るから、なんでもすぐ連絡して」と常々言ってくれるお店があり、本当にそのとおりにすぐ来てくれます。細かいことまで気を配ってもらい、ありがたく感じることはそれこそ山ほどあります。

先日はこんなことがありました。

冬のある日、テレビを届けに来てくれた際（それはもちろん仕事の一部ですが）のことです。「母ちゃん、もしやっていなけりゃと思って一応持ってきたけど、きれいになっていてよかった」と、なんと雪かきを持ってきてくれていたのです。

もちろんそんな業務は入っていないはずです。自分の身内のように心配してくれて、除雪にまで気を配っていてくれるなんて、サービスの一つと考えても、なかなかできることではありません。

「母ちゃん」と呼んでくれる距離感がとても心地いいのはもちろんですが、大手では手が届きにくい温もりの気配りは、プライスレスです。

それぞれに存在する意義、果たすべき役割を認識して実践できることこそサービスです。

この冬に温かくなる出来事でした。

「用事があればいつでも飛んでくるから」と言いながらも、用意しておいた代金を受け取りに来るのを忘れているのも、また憎めないところです。

人の心に届く行為は、やってやるという意識からは絶対に生まれません。

デジタル時代の生き方

2011.02.16

タクシーの運転手さんとの相性ってありますよね。こちらが少し車中で休みたいと思っていても、マイペースで話し続ける人。一方で、自分が聞いていたラジオのボリュームを絞ってくれるさりげない気づかいの人には心が安らぎます。またいろいろな話題を持ち、話好きでそれをうまく伝える人には職業柄から興味を持ちます。

昨日の運転手さんがその典型でした。ベテランドライバーで、とにかく話すトーンからその内容、にじみ出る人柄まですべてが勉強になりました。

その中で興味を持ったのがある機械の話。最近はタクシーでもカーナビ付きは珍しくありませんが、その運転手さんのタクシーには付いていませんでした。気になってなぜかと尋ねたら、「もう卒業した」との返答でした。

カーナビは自分には情報量がありすぎるので、ポイントだけわかれば十分だとおっしゃるんです。だから、その車には地点が文字で表示される機械が付いているだけ。例えば「善光寺左折」「TOIGO前を駅から来て右へ」程度。

今や情報過多とも言える時代。たくさんの情報があることだけに満足して、その選択能力はかつてより劣っているかもしれない。そんな中でその潔《いさぎよ》いコメントは新鮮でした。

また会社にいる運行デスクに道順を無線で確認した後、「道順はわかっていますが、わざと無線で聞くんですよ」と運転手さんが言います。

その理由は、運行デスクは机上の地図で道順を指示しているので、特に担当して間もない新人は実際は通れない道を教えてくることがあるそうで、「それを指摘して実際の道路事情に即した道を教えてやるんです」とのこと。

デジタル全盛の中、人間の知力が勝るようなシチュエーションはなにか胸のすく光景でした。そしてこうした後輩指導もあるのかと、その育成方法にも感銘を受けました。

人間の知・経験・愛情に乾杯です！

夢と将来の違い

2012.01.30

毎日一生懸命生きていますか？なんのために、そして、その姿はまわりの人にどう見えていると思いますか？

誕生日が楽しみな年齢ではなくなってきましたが、1年の区切りとしてリセット感がもてるのはありがたいです。そんな『今』の自分の姿を客観的に判断できるのは、決して『今の自分』ではないですよね。それよりもずっと後になってから振り返ることで、その時の自分の姿が見えるのです。でもその視点を持つ目は今日がなければ迎えることができません。永遠に今の姿を正しく見ることができないのか、などとも思ってしまいます。

30年前の自分が考えていた今の自分の姿は、想像とまったく違っています。それは20年前考えていた自分の姿でもありません。10年前にイメージしていた自分像も、まだピントがぼけています。

子どもの頃に描いた夢。そこには、現実を度外視した憧《あこが》れがありました。それも5年、10年という長いスパンで見ていたものです。将来というより未来。そんな夢を見られることが若さの特権かもしれません。

しかしそれが年齢を重ねるにつれて、やがて近視眼的になっていきます。想像するのは何年か先でなく、1年、2年ぐらいのスパン。動かしがたい現実に直面することもしばしばです。もはや夢で描いていた未来ではなく、将来と言った方がすんなりと胸に落ちるようになってきます。

昨今は『夢』というよりも、目標や『将来』という、自分を取り巻くいろいろな状況や環境を考えた先々のプランを聞くことが多いような気がしますが、思い切って夢を見ませんか。夢はどんなものを思い描こうと見るのは自由という、なんともありがたい存在です。夢があるからそこへ向かおうとする自分がいます。

しかし、この先『今』の自分の姿を振り返った時、描いていた『夢』を自分の都合で妥協して修正したと後悔するような、そんな生き方はしたくないものです。

見えないところが見たいところ

2012.06.20

床下にもぐったことありますか？

このラジオを聴いている方の中でも、それを仕事としてしている人以外で経験がある人は極めて少ないと思います。

つい先日、家の通気口のジョイント部分に不具合が生じまして、どうにも外からでは対処のしようがないので決断しました。よし、これは床下にもぐろうと。

建築途中の現場で遊びに入った子どもの時ならいざ知らず、いい大人になってから、もぐることはまずないのではないでしょうか。

さていざ入るとなると子どもの頃とは違い、体が大きくなっていますので一苦労です。それはもう狭い中、進むにはトレーニングよろしく匍匐《ほふく》前進するしかないのです。

でも、苦労しながら床下に入り込んでみると、そこで見えた光景に考えさせられたことがありました。その光景とは、とてもきれいに処理がなされた床下です。

きれいになっているのが当たり前といえば当たり前かもしれませんが、見えない部分がどうなっているか。ふとした拍子にそこがあらわになった時、外からは見えないからとおろそかになっていたらどう思うでしょう。きれいな外見などから好印象を持っていたのに、一皮向けばもう柱はおろか、基礎もぼろぼろなんてこともあるでしょう。

何事も基礎が大事、大本が大事といいますが、目に触れないのをいいことに、その本質が脆弱《ぜいじゃく》でいい加減だったら、とても残念な気持ちになるでしょう。

人が見ている見ていない、見られるか見られないかにかかわらず、やるべきことをしっかりやっておく。外見ばかりよくてもそれにともなわない中身があらわになった時、その落胆ぶりは正直に明かされていた以上のダメージになります。

馬脚《ばきゃく》をあらわす、看板に偽りあり。こんなことわざがいまだに死語にならずに使われるのは、「とりあえず見えてないからいいや」で逃げている人がいつまでたってもいなくならない証拠ですよね。

信頼が集まるほど、それにともなった基礎が大事です。もし、お粗末な実情が明らかになったとしたら、失望度はその信頼をはるかに上回る大きさとなります。

嘘も方便

2012.08.28

本人の知らぬところで身内を何人も病気にさせたり、友人を怪我させたりなどという経験はありませんか。急ぎの用事ではなくてもどうしても休みたい、そんなことからなんとか考え出した口実。まあ『ずる休み』と言い換えると話は早いですが。

必死に考えてはみたものの、実はいとも簡単に見抜かれている、そんなケースも多かったかもしれません。子どもの頃にこっそり出掛けるにあたって、嘘の理由を考え、子どもながらに後ろめたさを感じながら休んだことはありませんでしたか？例えば親戚のお見舞いに行くことにして海に行く。でも、学校に出てくると真っ黒に日焼けしている、あちこち擦りむいている。子どもならではの詰めの甘さですが、そこには先生も見て見ぬフリをするような空気もあったような気がします。決して褒《ほ》められたことではありませんが……。

ところが最近の子どもたちは事情が違うようで、堂々と本当の欠席理由を伝えてくるそうです。それもまた先生が戸惑いながら受け入れるのではなく、寛容さを前面に押し出して聞くといいます。

「某アミューズメント施設に行くので休みます」。すると先生も「学校で学べないこともあるのでそうしたことも大切だ」と受ける、と聞いた時はびっくりしました。

学校では学べないことは、それは確かにたくさんあります。でもそれを得るために学校を休むというのは別だと思うのですが……。もちろん頻繁にある話ではないにしろ、面食らいました。

かつてとはレジャーの状況が大きく変わっているとはいえ、子どもたちの正直さ、先生の妙な寛容さ。かつては、わかっていながらも互いに空気を読んでなんやかやと理由をつけていた時代に比べ、なにも考えない正面突破のこの報告は清々《すがすが》しいのでしょうか。

なにが正しいということも言えないし、突き詰めることにあまり意味は感じませんが、策を練ったり、ずるがしこさを身につけたり、「悪」を含めた知恵をつけるのはこんなところにあった気がします。

「嘘も方便」ということわざも、今の時代には妙に味わい深く思えます。

本を読むということ

2012.09.25

紙離れが言われてずいぶん経ちます。いわゆる書物、本を読まなくなった、新聞を読まなくなりました。

紙で文字は読まない、文字変換でことが済むゆえ字も書けなくなる。おいおい、本当に大丈夫なのかいなとも思います。その背景には、いくつもの理由があるとは思います。字を読むのが面倒くさい、本を持ち歩くのは重い、流れてくるものを受け入れることの方が楽、などなど。

出版業界もそれに手をこまねいていても仕方がないと、あの手この手で読ませようとしています。

デジタル書籍もずいぶんと増えています。ただこれまで本を読まなかった人がデジタルになったからといって読むはずもなく、今までの読者の意向を受け入れようということなのでしょう。デジタルデータにすれば、重い本を何冊も持ち歩かなくて済み、確かに本をたくさん読む人にとって利便性は高くなります。

昨日、大手出版社の方に会いました。なかなか苦しい現状の中のお話で、今やデジタル教科書の対応もしっかりしているそうです。教科書も早晩そんな時代に入るのは間違いないようです。確かに、韓国はすでに公立学校などですべての教科書の電子化へ舵《かじ》を切りました。またインドでは公立学校の生徒をターゲットにそんな展開もなされているとの話もあります。業界も生き残るためには必死の先手先手でしょうが、子どもたちがタブレットを手に学ぶ様子は今ひとつピンときません。壁画・瓦版《かわらばん》の歴史をデジタル書籍で学ぶ光景には、アルタミラ洞窟《どうくつ》の壁画もビックリでしょう。

移行期には指導する先生たちもまた大変になるはずです。そしてデジタル世代が教壇に立つ時、そのシステムは難なく受け入れられても、果たしてその世代がデジタルの教科書以外でどんな教育の幅を見せられるのでしょうか。その中身がともなわないことにはなんとも心もとない限りです。そして教科書の中身にしっかりと目を通すお歴々は、デジタル書籍にどの程度なじめるのでしょうか。

長い時間を経て、厚い歴史を経てきた書物も薄いタブレットに納まります。薄い入れ物から学んだ人びとの知恵は、厚くなるのでしょうか、薄くなるのでしょうか。

言ってくれるうちが花

2012.12.12

変わらないのか、変われないのか。変わろうと努力することは、現状への危機感をもっているかどうかのバロメーターともいえるでしょう。ただ、サービス業においてはプラスに変わったと部外者が感じるまでになると、その理由はどうあれ歓迎です。

改革したいけど進まないのは、新旧の考え方の違いやら、組織の体質やらいろいろあるでしょう。ただ時に内部では気づいていないのに外部の人が首をかしげているのは、その病巣がかなり危機的な状況といえるでしょう。人一人でもなかなか変われないものですが、企業となるとなおさらです。

先日ホスピタリティの達人、高野登さんとお話をする機会がありまして、たくさん興味深い話を聞きました。会社の朝礼で高野さんの話を収録したCDをそのまま聞かせるところがいくつもあるようですが、話をきいても「ふーん」で終わればそれだけの話です。それを実践できるかどうか、自分のケースに当てはめて考えられるかどうかにかかっています。

高野さんは、県外のタクシー会社でその細かな変化に気づいたそうです。以前はおつりをレシートの上に乗せて渡していました。運転手さんはこの方が楽ですが、お客様は受け取りづらいですよね。ところが先頃行ってみると、おつりとレシートを別々に渡すようになっていました。小さいながらも明らかな変化がそこには感じられたそうです。それはお客様本位の姿勢。変化は小さいことから始まるかもしれませんが、最初に踏み出す一歩は大きい。また細かな部分にまで気がまわってきたとしたら、その変化はもう仕上げの域です。

だれがどこでどう感じるか、小さなことに敏感に反応できるセンサーをもっていますか？その変化に気づいた時に耳を傾ける度量はありますか？

「クレーマーとひとくくりにすることなかれ、そこには宝の助言が埋まっていることがある」と、高野さんは言います。いつのまにか厄介者の象徴のような呼称になってしまったクレーマーという言葉ですが、お客様の声とクレームは別物。気分に左右されない、ストレスのはけ口ではない普遍的なアドバイスはクレームとは違うものです。好きな相手によくなってもらいたいという愛情があるかないかの差ではないでしょうか。

言ってくれるうちが花。好きの反対語は嫌いではなく、無関心です。

満足よりも感動を

2013.01.17

信州ブランド。ブランドということを当事者が気づいていないことに、残念な気持ちを抱くことがあります。

大量の雪に対して、雪が降らない地域にしてみれば、雪片付けの苦労よりも憧《あこが》れを抱くでしょう。同じ行為でもその受け止め方は、信州の視点とはまた違ってきます。雪下ろし体験ツアーなるものが生まれるほど、ハンデが発想一つで光となることがあります。

さて、そんなツアーに組み込まれる信州の観光資源として、景色などの他に季節の旬の農産物の収穫などというのもあります。日帰りツアーの多様化が進んでいる昨今ですが、低価格というのもツアーの魅力の一つになるはずです。

例えばその一つに、この時期のイチゴ狩りなどがあります。さまざまな企業努力はあるでしょうが、企画側はもっと低価格にと生産者にも値段を交渉してくるでしょう。でも、生産者にしてみたら値段の低下に比例して、味を落として量を増やすわけではありません。去年より安くといわれても、味はなんら変わらないどころか、むしろおいしくなるように努力しています。地域をひとくくりにして、他もこの値段でやっていると言われても、うちの味はその値段では出せないと言いたくもなると思います。

ただ、みんながそういう意識ではないケースもあるでしょう。農業に限らず、魂こめて作ったものが魂のこもっていないものと同じ値段にされてしまい、結果としては全体の力を失っていくというケースを何度も目にしてきました。でもそんな時、きちんと言い張れるなにかを持っているものだけが最後に残っているはずです。

易《やす》きに流れ、最後は自らの価値をおとしめても、その責任は誰も取りません。ホスピタリティの達人高野登さんは、サービス合戦は利用者に満足を与えても感動は生まないと言っています。サービス合戦は利用者のもっともっとという底のない欲をかきたてるだけです。そして仕掛ける側はどんどん疲弊していきます。そんな先の見えない持久戦を戦い抜く自信はありますか？

他に取って代わられない、本当に価値のある魂のこもったものを提供して、こんなスパイラルから抜け出していきましょう。

当て布の真価とは

2013.02.06

断捨離《だんしやり》というほどのものではないのですが、先日少し整理したものがありました。10年以上前のものもたくさんあって、どうすんだと始めたのです。みなさんはどうしていますか、けっこうたまっているのではありませんか。

それは洋服類についてくる予備の布地やボタン。スーツなどを買った時に胸の内ポケットに小さなビニール袋にセットになって入っていたもの。そうしたものが山のようにたまっていて、使われるあてもないまま、久々に日の目をみたという感じで出てきました。

子どもの頃は、外で豪快に遊んで服を枝に引っかけたり、荒地で転んでズボンが破けることなど、たくさんありました。そういう時には当て布をして穴をふさいだり、少し見た目を意識してアップリケにしてもらったりしていましたよね。

でもいつの頃からか、継ぎのあたった服を着ている子どもなど、すっかり見かけなくなりました。外で激しく遊ぶことも少なくなり、擦《す》り切れるほど着続けることもなくなり、また、手直しをするより買った方がいいという流れになってしまったんでしょうか。

大量生産・大量消費と言われ、簡単に物を捨ててしまう時代になりました。使う機会がないと手先も衰えるのか、簡単に扱えるミシンが生まれ、洋服修理店もできる。時代の要求で生まれてくるものもあるのだと考える反面、なぜ生まれたのかを少し考えたくもなります。

昔は当たり前に家でやっていたことが消えている。「もったいない」という言葉が流行して、直して大事に使うという空気も生まれましたが、それはどこまで根づいているのでしょうか。

大事なものだからこそ、思い入れがあるからこそ、簡単に捨てられず、直したいと思う。でも、直して使うという意識がなくなっていけば、その修繕の技術も消えていきます。他のものに簡単に替えられないものだったらどうでしょう。直し手という存在の大きさを、失ったその時に気づくことでしょう。大事に守り継がれてきた伝統などは、新品に置き換えることができません。

穴が大きければ大きいだけ、また裂け方が激しければ激しいほど当て布の真価が問われます。

道徳の骨粗鬆症《こつそしょうしょう》

2013.06.04

『公衆道徳』は、「社会生活を営む一人一人が守るべき社会的規範」と辞書にはありました。では、『規範』とはなんでしょうか。「行動や判断の基準となる模範」、辞書にこうあります。見習うべき立ち居振る舞い。「社会においてそれぞれが気持ちよく暮らせる行い」とでも言えばわかりやすいでしょうか。

ただこうしたものは、昔は各家庭で普通に身についていたものでしょう。しつけと言葉を言い換えてもいいです。最初の集合体、家の中でそれぞれが気分よく過ごせるよう身に付けるもの。その基礎がしっかりしていれば、応用として「人様には迷惑をかけない」という当たり前のことも、外でも自然にできたでしょう。それがいつの頃からかしつけも学校で習うものという理解不能な考えが聞かれるようになってきました。

「境内の浄水で足は洗わないように」「公衆トイレの手洗い場で犬の足を洗わぬように」などの張り紙を見ると、これは張らねばわからないことなのかなと悲しくもなります。これはしつけだ、道徳だというレベル以前の問題ではないでしょうか。

言葉は生き物、時代とともに変わるかもしれません。しかし、道徳というのはそんなに変わらないはずですよね。かつてはなかったものでも、ちょっと考えればいちいち書かなくてもわかりそうなもの。けれどこんな表示があります「車内での携帯電話の使用はおやめください」。みんなが好き勝手に通話してたらなんて騒々《そうぞう》しい。かつてはなかったから、ひょっとしたら理解できない人のために念のため、そんな配慮から書かれているんでしょうか。

先日入った飲食店で、大きな声で話している人がいました。ただ同席の人とは会話はしていない様子です。人の陰になって見えなかったのですが、前には小さなパソコンがあり、相手とインターネットで結んで顔を見ながらパソコン上で会話をしているようでした。これからは「店内でテレビ電話を使っての会話はご遠慮ください」、こんなことまで書かないといけない時代になるのでしょうか。

時代の経過と技術の進歩で道徳の骨の部分まで変わっていってしまうのでしょうか。スカスカになってしまったら道徳も骨粗鬆症。マナーの張り紙はさしずめカルシウムでしょうか。だとしたら嘆かわしい限りです。

かっこいい大人はどこにいる

2013.10.17

今朝、目の前を通過する電車の車内で新聞をつり革につかまりながら読んでいるサラリーマンが目に入りました。大きく開くと周囲の人に邪魔になる新聞を実に器用に細い幅に折りたたんで、あっという間に読む欄を変えて、揺れる車内でバランスを取りながら読み続ける。そんな器用な大人に感心したものでした。

そういえば昔よく見かけたのに、最近はあまり見なくなりました。今や車内で新聞を読む人のイメージの方が湧きにくい。それよりも容易に浮かぶのは、新聞よりはるかにコンパクトなスマホ、あるいはタブレットの画面を覗《のぞ》き込む人の姿です。かつての新聞サラリーマンは液晶サラリーマンに替わりました。おしゃべりに忙しかった世代もみんな黙って液晶を覗いて忙しく指を動かしています。良い悪いの話ではなく、時代の変化だとは思います。

新聞の読み方は置いておくにしても、昔は「えっ、すごいな〜、かっこいいな〜」と子どもが興味を持つ大人の姿が当たり前のように視野に入りました。

高く積み上げた蕎麦《そば》を片手で支え自転車に乗った出前の人、肘《ひじ》をうまく使いながら畳の上で大きな針を生き物のように操る畳屋さん、外科医のように傘の骨をたちまち直す傘屋さん。子どもがきらきらした目で食い入るように見つめ、足を止めてしまうような光景がそこかしこにあった気がします。

出前がデリバリーと名前を変え、揺れない固定装置ができてアルバイトがバイクで疾走し、フローリングが増えて畳は消え、使い捨て傘があふれ、物事の簡易化は職域の拡大をもたらしたかもしれませんが、その仕草《しぐさ》の重みや向けられる視線の質の変化も与えたのではないでしょうか。

職人からプロフェッショナルへ、呼び方の変化の奥になにか本質・極みのズレがあるような気がしてなりません。仕事へのこだわりの質はきっとどこか違うはずです。

イメージとレッテル

2014.02.28

本人はさぞかし不本意なんだろうなあと思いますよ。いや、本人でいいのかな？そうなる運命だったかわかりませんが、でもそれがあまりにもはまりすぎて、まるでそうなるのは必然だったように。でも呼ばれ方というものを考えるとかわいそうにもなります。

その本人とは、ゴム製の茶色のサンダル。こう言ってイメージできますか？できない？ではこれでどうですか。ホテルや施設のトイレに置いてある茶色のものと言えば……、わかりましたか？

つい先日、知人から「あの便所サンダルさあ……」と言われて、すぐイメージできてしまいました。決して商品名でもないわけで、サンダルの気持ちを考えると大変気の毒ではあります。

その浸透度、普及度によっては意図したものでなくても、そのものの呼称すら変えてしまう強さがあります。

例えば、靴でいえば「上履き」といわれると、大体イメージするものは一致しませんか？

白くて甲の部分にゴムのバンドが通っているようなもの。あとはひももなく白一色のタイプ。私ども世代には、ドリフのシューズというとわかりやすいですね。

他にも、ドライブインの食堂のイスなんていうとわかりますか？そう、思い浮かびましたね。あの黒いパイプに緑の座面のイスです。別にそれ専用のはずではなかったのですが、あまりにもはまり具合がよかったのでしょうね。

というように、一つのイメージが定着しすぎてしまうと他への転用・応用も難しくなることもあるんですよね。ぶれない強みは、時として凝り固まったレッテルになりかねません。

それが人であればなおさらです。イメージチェンジは決して簡単ではないので、一つのイメージで貫き通すのも一案です。でもそれを貫いた先には、変えたくても変えられないレッテルを張ったまま生きていく強さが求められます。

親の姿を見て子は育つ

2014.07.15

先日乗った山の手線の電車内は、だいぶ慣れてきたとはいえ、やはり異様でした。その車内の腰かけた反対側のシートの乗客全員が、下を向いてスマホをいじっている光景。なにか検索する人、音楽を聞く人、ゲームをする人、その用途はそれぞれとしても、見事なまでに1列10人ほど、みんながみんなスマホの画面に見入っていました。その視線は車内でも窓越しの風景でもなく、自分の手の内にあるスマホの画面に集中しています。

またある親子連れは、電車に乗り込むなりシートを確保してすぐに携帯ゲームをやりだし、その横で覗《のぞ》き込む幼い子どもに「〇〇ポイント取るからな」と誇らしげに言い放ち、子どもに目線も合わせず画面を凝視しています。

他の若者は、車内に足を踏み入れるなり優先席に座り、スマホに集中。目の前に高齢者がいても視線など合わせません。決して空いているわけではない車内で堂々と優先席に座りスマホにべったり。子どもがいようが高齢者が立っていようがお構いなしというか、視野に入らないのでしょうか。優先シートの表示もむなしくなります。

こうした空気を感じて大きくなる世代は、明らかにかつてと違ってくるはずです。例え表示を見たとしても、席を譲る人、譲られる人、実際にそういう行為を目にして実感しない限りは意識の刷り込みすら行われないのではないでしょうか。でも、目はスマホに釘付けです。まわりを見ることすらしません。

以前からあったものを前提として、どういう振る舞いをするべきか形づくられているマナーや常識があります。しかし、かつては存在しなかったものが登場して、今までのルールが通用しない中でできあがるマナー。感覚的に処理していたものに、しっかりと定義づけが必要になってきたのでしょうか。

歩きスマホも運転しながらの携帯操作もいまだに見かける始末ですが、その中で育つ次世代。子どもたちが見ているのは、親が使う携帯画面ではなくその姿です。

無知の知

2014.10.09

最近、会社のフロアで話題になっているものがありまして……、それが酵素《こうそ》。

そもそもは生命の営みには欠かせないもの。消化酵素・代謝酵素と外から取り込んだものを生かすために働くもの。肉体を作るために必要なもの。それらを有効に果たすための心強いサポーターで、本来あるべき肉体活動の働きを適正化してくれる、それが酵素です。

これらをうまく活用することでそれこそダイエットに成功したという実例がいろいろ紹介され、酵素＝ダイエットのような図式のみを刷り込んでしまっている人も周囲には大勢います。その酵素でダイエットに成功していた人が私の近くにもいて、周囲はにわかに酵素ブームになっています。さて、そこで気になることがあります。それは酵素を買う人ってそれほど痩《や》せなくてもいいと思える人ばかりなんですよね。少し気にした方がいいのではと思える人ほど関心を示しません。

これはほんの一例ですが、一生懸命学んでいる人ほど日々研鑽《けんさん》を重ねていて、学ばなきゃいけない人ほど傍観しているだけ、なんてことありませんか？

どうやらこうした現象には共通項があるような気がします。それは当事者意識の欠如や、客観的に自分を見る視点の不足です。難ありとは思っていても、それほどではないんじゃないかという自己採点。周囲の問題意識とはかけ離れた仕事への自己愛護の視点。自分では立派に遂行できているという、はたから見るとまったく根拠がない自信。

まわりが危機意識がないと嘆いたところで、本人の意識を変えるのは至難の業です。体型などは結局個人の問題ですが、業務に関してはそれでは済みません。

できないことに気づかない人、できたら満足してそこに留まり成長しない人、できたことに満足しないでさらに高みを目指す人、いろいろな人がいます。

でも、できる人が他から言われずともできるようになるのは、足りない自分に気づく自分がいるからです。できないことは恥ずかしくありません。恥ずかしいのは自分ができないことを知らないこと、そこに気がつかないことです。

できないことはたくさんありますが、自分はできてないとわかっているのが強みと考えて、今日より明日のできる自分を楽しみに生きていきたいものです。

格言「痩せなきゃな〜と言っている人で本当に痩せた人はいない。英語くらいしゃべれなきゃな〜と言っている人で本当にしゃべれるようになった人もいない」。

その安心は本物？

2015.01.16

「あっ、携帯電話がない」と気づいた時に妙に焦りますよね。

どうしたっけと、ポケットやバッグを探してみたり、自分の動線を思い返してみたりと、普段の行動の中ではまず発揮しないほど、思考がスピード感をみせます。常にそれくらいてきぱき動いて頭を働かせておけと思いたくなりますが、今や携帯電話は思考回路をそう仕向けるほどの存在になっているのでしょう。

まさに昨日そんな事態になりました。会社に来てから、ベルトに付けている携帯ケースに手をやると、なんだか手ごたえがない。あれっ？と見てみると、ケースの中は空っぽ。携帯の入っていないポーチだけがベルトに付いています。

どこかに落としたのか？あるいはそもそも入れてなかったのか？焦る、焦る。

「車の中見に行ってきたら」「とりあえず鳴らしてみたら？」「廊下に落ちてない？」、周囲のアドバイスが矢継ぎ早に飛んできますが、そのアドバイスもまた人柄をあらわすものだなと変に感心します。

まず家に確かめてみるかと電話したら、「充電器にささったままだよ」との返事。とにかくなくしていなかった。「身柄確保！（笑）」の一言にほっと胸をなでおろします。「会社まで持っていく？」という家人の言葉に、「うーん、まあいいや」と答えました。なにか連絡があったらあったでその時だ、と腹をくって一日過ごすことにしました。でも、つい携帯ケースに手をやってしまい、「あっ、そうだ今日はないんだ」と何度も気づき、それが癖になっている自分に呆《あき》れます。

家に帰ってから「どっかから連絡来てたらどうしよう、申し訳なかったな」と携帯を確かめると、画面にはたった一件。それも店からのバーゲンの情報がメールで一通入っていただけ。心配した自分に笑えましたし、不安を覚えていた自分を哀れにさえ思いました。

持ってないと不安になりますが、持っていても手持ち無沙汰な時に意味もなく眺めたり、たまに調べ物をしたりする程度です。持っていない時に生まれる不安は、決まった予定でも入っていない限り、思い込みでしかありません。

誰とでもつながっている気がする携帯。その安心感は、いつもつながっていないと不安になるという強迫観念の裏返しでしかありません。

以前に教わった情報断食。思わぬ形で実践しましたが、意図してやってこそ本物ですね。

大人の学びに卒業なし

2015.03.19

今朝、家の前で鞄《かばん》を背負った中学生たちが「卒業式の日っていつも雨なんだよな。小学校の時もそうだったし」と話す声が耳に入ってきました。

今日は県内多くの中学校で卒業式を迎えるようです。

社会人になってしまうと、卒業という節目はなかなか持ちにくい。卒業とは、学校の全教科または学科の課程を修了することなので、自分で社会人の学習コースにでも行かない限り、卒業というシチュエーションには出合いません。

言葉として「もう○○は卒業だ」という場合は、例えば怠惰《たいだ》な生活、浪費、時間にルーズ、悪癖《あくへき》からの脱出など、ある状態・段階を通過することに使います。これに関しては、他者でなく自己判断によることが多いので、その終了する時はわかりません。そもそも始めた時は入学と言ってはいないのだし、勝手に終えて卒業したつもりでも、また始めてしまったら卒業できなかったわけで、では中退だったかと言えば自己判断の自主退学だったわけで……。

でも、考えてみると実際に教育課程を修了して卒業したといっても、その修了幅は広すぎると思いませんか？

できる、できないの判断は、単なる出席日数で計れるでしょうか。一夜漬けで対応できたテストも数多くあり、試験に通りはしたものの自分の身についたものではありません。これでいいのかと思ったものもあり、自分の卒業に正直疑問をもっている部分もあります。

かといって、卒業証書ももらえない場所での精進ははるかに厳しいものがあります。中退させられない、自主退学もできない、卒業で終わりになることもない。そんなところで学びもせずに、学費も払わずむしろそれに代わるものをもらっているとしたら……。

一生のうちに学ぶ時はいつでもだれにでもあります。その学びは勉学だけでなく、あらゆるところに存在します。

そしてその大人の学びには、卒業はありません。

個人情報の断捨離《だんしゃり》

2015.04.22

何度か話はしていますし、イメージはできているのですが、いざやろうと取り掛かると踏ん切りがつかない。断舎利に「いつか」とか「まだ」という迷いの言葉は不要です。今日こそは仕分けようと思っていてもいざ服を前にすると、傷んでるわけじゃない、まだ着られる、いつか着る機会がありそうだと、どうも衣類の断舎利下手でいけません。

他にも書類なんかは、とっくに家にはなくなっているような電化製品の説明書がまだあったり、期限切れの保証書がいくつも出てきたりと、これまた問題。明細などは仕分けできても、いざシュレッダーにかけるとなると本当にいいのだろうかと不安になり、また後で最終確認しようと思ったものがいつの間にか山積みに……、まったくだらしがない。

そして、捨てたつもりの書類ですら時にはすっかり日に焼けて丸まって出てきてびっくりすることもあります。

そんな時、学校要覧のようなものがいくつも出てきたことがありました。

かつては今では考えられないくらい個人情報に関して鈍感で、ずさんと言ってもいいほどでした。考えてみれば当時は今ほど簡単に人と人とがつながる、情報が行き来するという手段はほとんどなかったのですから。

個人の住所録みたいのが当たり前のように冊子になって配られていた、そんな経験をお持ちではないですか？大学時代など、タレントが在籍していた学校もあったわけで、その実家の住所なども住所録に出ていたという信じられない時代もありました。そんな例はいくつもあったと思うのですが、現在ではおおらかでは済まされません。なんと間抜けな時代だったのでしょう。

そんな時代の名簿が今も流出しているわけではないでしょうが、まだまだある名簿を使った詐欺被害。先日も「のどのがんになってこんな声になってしまった」と息子を語る男から母親に電話がかかってきたという人がいました。「そうか、じゃあ息子に聞いてみる」と冷静に難なく対処したようですが、「俺の名簿が絶対どこかから出ている」とその人は気持ち悪がっていました。

過去のデータの管理は自らの手元を離れたら人任せです。家の中から埃《ほこり》をかぶって出てきた過去の友人たちの情報を久しぶりに目にした時、頭に浮かぶのは「思い出」よりも「責任」という言葉。なんとも面倒な時代になりました。

現代を支配する三つのスクリーン……………………2016.04.14

新しく入ってきた仲間との花見も行われ、新しい風が社内に吹き始めたところも多いのではないでしょうか。

同時に研修も行われていることでしょう。どれだけの社が研修内容をマニュアル化しているかわかりませんが、毎年ではなくてもその内容を更新していかないと時代に即応していない部分が出てきます。

例えばＳＮＳ（インターネット上の交流サービス）。インターネット上での活動が注目されるようになってきました。気軽な書き込み、意識せずに画像に写りこんでいたもの、思いがけないところからトラブルに発展するケースもあるということを頭に入れておかないといけません。マニュアル化はされていなくても、社内での先輩のインターネットとの接し方というのは見られているものです。

さてそのＳＮＳの利用法として、こんなこともあるそうです。週明け、朝一番の仕事は上司のＳＮＳをチェックして、週末どこでなにをしたかチェック。そして、その上司のページに気の利いたコメントを書き込む。笑い話かと思いきや、それが自分のポイントアップのためになると思って本気でやっているという。

そんなことに力を注ぎ、時間をかけている面々のせいで、ある得意先の誘いを断ったその日に、別の宴席にいる上司の様子がアップされ、断った相手にバレてしまったということも。よかれと思ったチェック合戦がややこしい事態を招きます。管理して見ているつもりの上司が、部下に見られてどっちが管理されているかわからなくなってしまう。見られているという意識がない上司もなんですが。

誰もが発信できる時代は、誰もが見られる時代。そして、事件が起きた時は、街中の防犯カメラの画像が調べられて関係した映像がニュースとして放送されることを思えば、自分もどこかのカメラに知らず知らずのうちに撮られているんだと恐ろしくなります。管理社会も嫌ですが監視社会はより不気味。

現代人は三つのスクリーンに支配されています。テレビ・PC（パソコン）・スマホ。使っているつもりで使われているとしたら、本末転倒です。

4

今日も笑顔でピッポッパ 篇

いくつの顔を知っていますか？……………………2012.05.24

「昨日○○にいたでしょう？」
「最近○○始めたらしいね？」
「えっ！なんで知ってるの？誰から聞いたの？」

こんな会話のやりとりの締めは「いつどこで誰に見られているかわからないから……」こんなフレーズでまとめられるのではないでしょうか。

そりゃもっともであって、いつどこで見られているか、みんなわかっていたら息苦しくて仕方ない。そしてその受け止めのフレーズは「悪いことはできないな……」

まあたいていの場合は、本当に悪いことなどとはまったく結びつかないんでしょうけど。見られた当人が困るというのは後で言われたり知らされたりする場合で、全然知らない人だと、実は見た側が困るということが多いと思いませんか。

信号待ちの後ろの車のきれいな女性が鼻毛を抜いていた。歩きづらかったのか、上品そうな女性が人気のない通りでズボンの上からパンツのラインを直している。知っている人はいないし視線もないと思って見せた隙《すき》だらけの行為は失笑しますが、実に素が見えてなんだか微笑ましくも思えます。

人は一歩家から出るとどの程度のベールをかぶっているのでしょうか。それを人によっては家でも脱げないという他人行儀な家族もあるかもしれませんが、厚く、長い時間かぶっている人はさぞかしストレスも大きいでしょう。衣替えはあっても、外面の衣はうまいこと脱ぎ着しないと大変です。

人にはいったいいくつの顔があって、私たちはその人の顔をいくつ知っているんでしょう。そして自分自身はいくつの顔を持っているのか、またどれだけの人がそれを把握しているんでしょうか。

朝一番に寄ったコンビニでパリッとしたスーツ姿の男性が、週刊誌のエロ記事を朝からがっつり読んでいるのを見かけた日に思ったことでした。

私はマジシャン

2013.02.11

人の記憶というものはあてにならないということはよく認識しています。人間が前に進めるのは物事を全部覚えているわけではないからだと思います。都合の悪いことを忘れてしまえる能力は天才的だと思える人もいます。

しかし、肝心なことを失念するのはビジネス上では取り返しのつかないことになり、トラブルの種になります。そんなことを避けるためにメモを紙に取る習慣がありますし、またそういう需要があるためでしょうか、スマホのメモ機能も充実しています。

とはいえ毎日の何気ない行動をいちいちメモするわけでもなく、時として困ることも起きます。

最近のことですが、気に入っていたジャケットがどうしても見つかりません。クローゼットを何度あちこち探してもまったく見つからない。いくつか思い当たる所に問い合わせてもみましたが、いずれもないという返事。記憶をたどってもどこでジャケットを着たかが思い出せない。誰かが勝手に入り込んで着ていったのか。それ以外考えられないくらい忽然《こつぜん》と姿を消したのです、私のジャケットは。

まあ、なにかをしたとしても、服を着ていってどこかに置き忘れたくらいのことでしょう。記憶はないといっても、もし結局見つからなかったとしても不安になるほどの事態ではないと自分を納得させせました。

また別の日には、かみさんに私のバッグを貸し出したところ、

「こんなものが入っていたけど、なにしたの？」と聞かれました。

これがまた、私には全然見覚えがないもので、それを使ってなにかをした覚えもありません。自分の意識しないところで、それを使っていたとしたら、私の知らない自分がいる？

なにが出てきたかというと、人差し指第一関節だけの手品グッズ。

これでなにしたんだろう？いつかどこかで使ったのか？いやいや記憶のふたは開けないでおきましょう。知らなくていいことってやっぱりあるんじゃないでしょうか……。

でも、この記憶を消した私はマジシャンてこと？

そっくりな人たち

2013.02.25

人に会ったり、外に出るといろいろな話題が生まれるものです。

スタッフの女性が、同じ会社の男性スタッフのKさんに話しかけた。

「この前○○に行ったら、そこの人がKさんにそっくりなんですよ」

「へー、なんの人?」

「マッサージ師なんですけど」

はたから聞いていて、そっくりなだけで本人ではないはずなのに、頭の中ではその男性スタッフが、その女性の体をマッサージしている様子が浮かんで、なにやらセクハラ的な事態をイメージする。

女性は続ける。

「それでいきなり、パンツのところにグーッと手を突っ込んでくるんですよ」

「えーっ! いきなりって、なにそれ!」

聞いていた人の中には、それはもう犯罪という言葉が……。

女性はさらに続けます。

「もう、いきなりだし、ビックリしたうえにKさんにやられてる気がして妙な気分で」

言われたKさんはとんだとばっちり。まるで冤罪《えんざい》。

「知らねえよ、俺じゃねえし」

確かに世の中には自分に似ている人が三人いるといわれますが、誰に似てるのかはわかりません。

「で、なんとそのKさんにそっくりなマッサージの人。女性なんですよ」

と、その女性が驚愕の一言。

「えーっ！」

まさかの一言に一同驚き、マッサージ師に仕立て上げられた同僚のKさんに同情。さらにそのそっくりさんが女性と聞き、そのマッサージ師の女性にも同情。その場にいたわけでもないのにみんなが勝手に同情していると、また女性が、

「Kさんにそっくりな人、もう一人軽井沢にいて……」

もう、いいわ！

今日もどこかであなたも勝手にネタにされ、勝手に笑われているかもしれませんよ。

目の覚める一瞬

2013.04.23

朝、寝ぼけ眼《まなこ》が一瞬で覚める瞬間ってありますよね。でもそれは寝ぼけていたからこそ起きる事態なんですが。

スタッフの一人が、朝一番で日帰り温泉に行きました。女性です。ここ大事。

女湯の暖簾《のれん》をくぐり、引き戸を開けると、更衣室が目の前にあります。すると、そこにはなぜか動揺しながら、うろうろする女性たちの姿が。中には恐怖感すら浮かばせる女性の顔もあります。その様子からただごとではないと判断しました。物取りか？あるいは下着ドロか？

そうしているうち、その場に居合わせた女性客の声が聞こえ、自分の耳を疑います。

「男の人がいるみたいなんだけど……」

いやいやそんなはずはない。ここは女湯。

でも確かに戸の向こうに男が入っていったのを見たというのです。

一人が受付に「女子更衣室に男の人がいるようなんだけど……」と言いに行きましたが、

フロントの男性の答えは「私も男なんで確かめるにも入れないんです」。もっともです。確かめようと女性数人で徒党を組んで再び暖簾をくぐると、目の前にあったトイレの戸がいきなり開きました。

するとそこにいたのは……、なんと素っ裸のおっさん。

室内にこだまする「きゃー!」という声。

でも、声を上げたのはおっさんの方でした。おっさんの裸体に動ずる世代の女性たちでなかったのは幸いで、むしろ慌てたのはおっさんの方で、素っ裸で固まっていたとのこと。

用を足しすっきりした顔が、どっきりに変わる。必死に弁明するおっさんの言うことに耳を傾けるとわからんでもありません。日によって男湯・女湯が入れ替わる温泉施設で、前日入った男湯に一番風呂で入ったつもりが、その日は女湯に変わっていたというわけ。確かに暖簾は女湯になっていたものの、朝一の寝ぼけ眼で確認せずそのまま突入した次第。

悲劇のおっさん、頭は一瞬にしてしゃっきりしたものの、おばちゃんたちに囲まれて股間はぐったりしてしまったようです。

頭が起きていない朝一の行動には、ご注意を。

気づかないからこそ落とし物

2013.10.24

朝一番で、普段は携帯電話のカメラで撮った写真など見せない女性が「ちょっとこれ見て」と、放送の用意をしている人たちに声をかけます。

写真を見るとなにやら黒いものが映りこんでいます。

「これなに？」とみんな。

「道行く人が気持ち悪がってみんな避けていってた」と写真の持ち主。

「ほんとだ、気持ち悪い。なんかの死骸《しがい》？ネズミ？えっ、まさかモグラ？」

気味悪がって、つぎつぎと覗《のぞ》き込む女性スタッフたち。

するとその中の一人が「えー、なに〜」と写真を見た瞬間、表情が変わりました。

「えっ、やだ、あれ？これどこに？」

「ビルのすぐ下だけど、なにを慌てているのよ？」

慌てた本人は、血相変えてなにかを確かめるように頭のあちこち触って一言。

「ない！やっぱりない。それ私の！」

なんと道行く人が避けていた謎の物体は、おとぼけスタッフの付け毛（ウィッグ）だったことが判明。

気が動転したそのスタッフは、ブロックサインのように、頭、脇、胸、果ては股間までなぞって確認していました。いったい頭以外にどこの毛が落ちるんだか。

まあ、朝からとんだ落とし物騒動です。場所によってですが、ＪＲなどでは遺骨や入れ歯の落とし物もあるといいます。慌てているからこそとはいえ、ご用心を。

落とし物といえば、よくあるこんな会話をしていませんか。

「財布どこかに落としちゃって」

「えー大変、どこに落としたんだ？」

「それがわかっていれば取りにいってますけど」

あなたの落とし物、『心』でなければ一緒に探しましょうか？

よろしくちょんまげ

2014.12.10

もう20年ほど前ですが、いまだに忘れられない場面というのがあります。

ケーキ屋でアルバイトをしていた時のこと。大きな寸胴《ずんどう》鍋で生クリームを作っている最中、職人さんの一人が大きな声で「あっ！」と叫んだのです。

いったいどうしたのかと思いきや「指にはめていた絆創膏《ばんそうこう》がない」。そしてあろうことか「ひょっとしたらこの寸胴の中に入ってしまったのではないか」と言うのです。切り刻まれるものではなく攪拌《かくはん》されるだけではあっても、知らずに売ったらエライこと。真っ青になって、寸胴の中をかき回して探すも見つかりません。周囲もどうしたものかと見ていると、しばらくして最初の時より大きな声で「あったー！」の声。仕込みをしていた場所近く、商品に関係ない所で発見され、ことなきを得たのです。かくしていつも以上によく攪拌された生クリームができあがったのです。

昨晩、わが家でそんなシーンをふと思い出す出来事がありました。

その日の夕食のメニューは、すいとん。大きな鍋から盛り付けてもらい、先に食べてと言われて食べ始めた。すると、かみさんが「あれ?おかしいな」と、ぶつぶつ言いながら鍋の中をかき回している。「どうした?」と聞くと「もう一つ出汁《だし》の袋があるはずなんだけどないの、おかしい」と。鍋の出汁は、すいとんと同じような色なので見つからないのはそのせいかと、鍋の中をなおも探し続けました。「そっちにあった?」と何度聞かれても、自分のお椀にも見つからない。そしてなにより情けないのはつい口をついた自分の質問。

「もしかして、俺食べちゃった?」

見つからないのも問題ですが、出汁袋かすいとんかもわからず食べる方が問題です。そしてそんなことを思った自分が情けなくて……。

結局、その後に鍋の中で見つかったのですが、楽しい食事が一転してしまいました。

今朝は今朝でデジタルカメラのバッテリーの取出口が老眼もあってわからずに、二人してやっとの思いで充電しました。

年は確実に取っているなあと実感しながら会社に来て聞いたのが、「今日の午後、収録よろしくちょんまげ」、それに対して「大丈ぶい」と答えた50歳の二人の会話。その死語を使った会話を聞いて自分はまだ問題ないのかなと、大いに安心しました。

メールは取り扱い注意

2015.06.26

「メール」は、コミュニケーションの世界を劇的に変えました。世界との距離をぐっと縮め、瞬時に外国の友人と連絡がとれます。旅行中に急きょ訪れることになっても、すぐに連絡がつきます。手紙の往復でやりとりしていたことを考えれば、当日のスケジュールでもあっという間に決められます。災害時には、その地にいる友人の安否確認もすぐさま行えます。

またメールは、日頃のやりとりでも筆不精の人とでも気軽にやりとりが行えます。予定の変更などもすぐに伝えておけるなど、コミュニケーションの円滑化にかなり貢献しているのではないでしょうか。

メールはコミュニケーションの円滑化を助けている一方、その人の能力の限界や欠如が浮き彫りになることもあります。会話が苦手で交渉ごとなどうまくできなくても、顔が見えないメールならそれもできる。隣にいるのに、同じフロアにいるのにメールで済ます。そんな話も聞かないことはありません。いくら便利だといっても、顔を見て話さなくて済むのを隠れ蓑《みの》にしていると、歪《ひず》んだコミュニケーションになってくるのではないでしょうか。対面すべきところでメールを使うのは、むしろ寂しさと情けなさを感じさせます。

また、愚痴《ぐち》などを気軽に言えるのもメールのいいところかもしれませんが、気軽さは時に危うさにもつながります。そんな失敗で一番多いのがメールの誤送信。

こんなケースもありました。上京して息子の家に行ったお母さん。せっかくの親子の時間も、ちょっとしたことからテーブルを挟み口げんかに。頭にきたお母さんはその憤《いきどお》りを実家にいる娘さんにメールをして、少しでも怒りを和《やわ》らげようと考えて、メッセージを打ち込み力強くボタンを押して送信完了。少し気分も落ち着いたところで顔を上げると目の前の息子の顔がみるみるうちに赤くなってきます。

「どういうことだ！」

そう、娘に送信したつもりのメールが目の前の息子に届く大失態。哀れ逆鱗《げきりん》に触れた母親は、その夕飯時から宿泊場所を探すことになったそうです。

「メール」が「滅入る」に変わる。冷静でない時のメールの取り扱いは要注意です。

笑えない間違い

2015.07.09

幸い私はこれまで自覚はないし、悩まされていないのですが、ずいぶんと周囲では経験者がいます。四十肩、五十肩。「まいったよ、ここから肩が上がらなくて」「もうずっと、右肩がここから上にいかない」、なんてつらそうにしている様子を見ることがあります。多くの人が加齢により発症すると言われる、この四十肩、五十肩。

そして、加齢ではなく、早いうちから現代人が直面しているのが情報過多。これまた厄介です。あまりに多すぎる情報により、その情報の質がわからない。またいつでも簡単に調べられるので、その場はわかったつもりでいてもすぐに抜け落ちる。

「あれ、この前も調べたな」、そんなことは増えていませんか。確かインターネットに出ていたぞ、出ていたのは見た。でも、それは果たして調べたことになるのでしょうか。確かめたことになりますか。

今さらではありますが、その情報の真偽は書いた人のフィルターがかかっているものが多く、しっかり出版元が吟味した辞書とは違います。さらにインターネットの情報は『〜らしい』という文字が欠けていて、断定的に書かれているから困ったもの。

なかには、偽情報を書き込んでしまい、でもそれが間違いでしたというのが嫌で嘘に嘘の厚みを加える。それを見た人もよくわからないまま鵜呑《うの》みにしてまたどこかで広める。文責もない無責任な情報を信じる人も気の毒ですが、それをしたり顔で伝える人もまた哀れです。

先日、かみさんが「これ知ってる？」と言って見せられたインターネットのページ。

私の紹介にこう書いてありました。

「東京大学卒業」

悪くない明らかな間違いは、笑えるような、笑えないような。信じるも信じないもあなた次第。でも、ちゃんと訂正お願いしないといけないんでしょうね。

誰かお願いします。ソルボンヌ大学卒業って訂正して（笑）。

長野県はどこ?

2015.12.10

思い込みというのはそういうことだなと受け止め、いちいち気にしてはいられないということがいくつもあります。でもそんな認識なんだと思うと残念なこともあります。

私の担当番組にはさまざまな資料がきますが、宛名に『板橋様』と書いてあるのはもう慣れっこ。もう何十年も目にしています。言われれば『高橋』、書かれれば『板橋』。もういちいち否定するのも面倒なので、聞き流して返事していますけどね。

時には『坂橋』で始まっていたはずが、途中から『板橋』になる資料もあります。しかもパソコンを使っているので、途中から入力も変わっているはずなのに、どうして気づかないんでしょう。長文なら、最後には「ではお願いします、山田様」くらいの勢いですね。

さて、思い込みなのか、その程度の認識なのか。残念に思えることが重なりました。自分たちは当然と思っていることが、外からの視点ではそうでもないのかと知った時のショック。それは相手の認識不足か、それともこちらの訴求力不足なのか。

長野県のある女性が中国地方に出張しました。夜、仕事で訪れた店でおかみさんと話が盛り上がったそう。「まあ、それにしてもきれいな人ね。どこから来たの？」、そう問われた女性が「長野です」と答えると、女将から「まあ、東北美人ね〜」と。いっきに酔いが冷めたそうです。

確かに中国地方は長野から離れている地とはいえ、長野が東北？日本地図を描かせてみたいものです。長野を東北にもっていけば、東北のどこかの県もはじき出される。信州人は当然、長野県は全国どこでも位置と名前が一致していると思っています。長野の位置がわからないとは思ってもみませんでした。

では、旅行雑誌で『長野』と書くより売れるという『信州』なら大丈夫だろうと、訪ねてきた九州の方とのメールに「信州へようこそ、信州はうまいものがたくさんあるから」と、『信州』を前面に押し出す対応をしていました。ああ、それなのに。

「先日は、お邪魔しました。信州のおいしいものもたくさんいただき、楽しい時間を過ごせました。またぜひうかがいたいと思います。今回の旅で『新潟県』が大好きになりました」

え〜っ。なんで、その認識。じゃあ、越後は長野県？いや、どこがどこだか。まったく、全国神経衰弱やってみたいよ。ガンバロウ、長野。

風呂では人の素性も裸になる

2015.09.10

テーマはお風呂。

ジムに行って運動して風呂に入ってすっきりして、さて後は着替えて帰るだけとなってバッグを見ると着替えのシャツが入っていない。でも裸で帰るわけにいかないので、せっかくさっぱりしたのに仕方なく着てきたものをまた着て帰るなんてことがあります。しっかり汗を流した後は、しっかり衣服もリセットしたいものですが、自分のものだからそのままでもいいという人もいるでしょう。自分のものだからね。でも自分のものでもこんな場合は、絶対嫌なんですけど。

ある夫婦。外出先で風呂に入っていくこととなりました。風呂に着いて、お互いさっぱりして待ち合わせとなるはずでした。1時間後、先に出ていた奥さんが待っているとおよそすっきりした感じではない、いやむしろ憂鬱《ゆううつ》な表情の旦那がやってくる。どうしたのかと聞くと、

「早く家に帰って、風呂に入って着替えたい」と言う。

「なに言ってんの？今入ったばかりじゃない」と奥さん。

聞けば人気のその温泉、やはりその日も混んでいて、脱衣所も満杯。着替えのカゴも埋まっていたらしい。ご主人は運よく余っていたカゴに衣類を入れて風呂に向かったのですが、出てくると自分の服が見当たらない。「あれっ、おかしいな」と思ってよく探してみると自分の服がカゴの隙間《すきま》から覗《のぞ》いている。「ここにあったのか」と近づくと、上にはくたびれた感じのジジイの服が自分の服の上に載せられていました。

どうやらカゴがないとわかったどこかのおっさん、目に入ったそのご主人の着替え入りのカゴの上に、重ねて入れたらしい。それだけではなくジジイが脱いだ順番どおり一番上にはパンツが……。気持ち悪くとも裸で帰るわけにいかず、下の自分の衣類をひっぱり出して、着替えてきたそうです。旦那いわく「もう、気持ち悪くて、早くシャツを脱ぎたい、風呂に入りたい」。

異常な潔癖症も見かけたことがありますが、意外に無頓着な人もいる風呂の場。裸になるだけに人の素性も裸になります。

憂鬱な現実を前にすると、あっという間に気持ちが湯冷めしてしまいます。

かみ合っている？会話

2015.12.08

ロケ車内で、助手席の人の問いかけに返事をしたんですが、どうもかみ合わなくない。「ん？」と思って相手を見たら、携帯電話で誰かと会話中でした。こんな恥ずかしい勘違いは誰しも経験したことありませんか。かつては顔が見えないような離れた相手と、どこにいても話せる時代が来るなんて想像もしなかった。現代ならではのことです。

ただ、顔が見えていようがいまいが、かみ合わない会話になってしまうのはおばちゃんのなせる業《わざ》といえるのではないでしょうか。そこには、営業トークのように合わせるという意図がまったくありません。人の会話の輪の中に勝手に入っていってるのに、自分の話題だと思い込んでしまいます。

時期も時期。おばちゃんたちがスタッドレスタイヤに履き替えたかどうかの話の真っ最中です。

「面倒くさいよね」「腰痛くて旦那にやってもらった」などお決まりの内容で、数人のおばちゃんたちがにぎやかに話し込んでいるところに、一人のおばちゃんが近づいてきました。

聞きかじっていたおばちゃんは早速仲間に入ろうとすると、先に盛り上がっていた数人のおばちゃんたちから「替えた？」と聞かれました。後から来たおばちゃんは、「変えたわよ」と即答。

先にいたおばちゃんは「自分で？」と続けざまに聞きますが、すると「そう、自分で」と答えます。

どう見ても自分で替えそうにない非力そうなおばちゃんが当然という顔で答える。先にいたおばちゃんたちも意外な顔。後から来たおばちゃんはさらに続けます。

「自分でやったわよ。手伝ってもらうのも悪いしさ。四つに分けて自分で」。おや、旦那への気づかいがある人なんだなあ。確かに四つのタイヤ一緒にできないし、一つずつ替えると、そう一同がようやく納得した。

すると後乗りおばちゃんは、自分が話の中心になっていることを感じてさらに調子が上がります。

「いい、こうやって、四つに分けて自分で」と髪の毛を持って得意げに説明を始めた。

自分で四つに分けて、自分で変えたって髪形の話かいっ！

パリが泣いている

2016.04.12

旅はいいものです。新しいものに触れることができるし、まさに見聞が広がります。とはいえ、なんとなく行った者としっかりとした目的意識を持って行った者では、明らかに得るものや胸に落ちるものは違うのかなと思います。自分の例で言っても、数年前に一人で京都に行って自分のペースで自分の視点で見られた時、何十年も前の修学旅行の薄っぺらさを残念に思いました。とはいえ、それは仕方のない話。当時は人生経験も違うし、見えるものも違う。当時の自分の時間をやり直したくもなりますが、それを今知るためにあの時行ったのかと思えばいい勉強だったかなあと思えます。

海外旅行もまた同様なのか、見識を広げ、外から日本を見るいい機会です。

あるフランスから帰ってきた女の子。興奮するわけでもなく淡々と旅の話を年上女性に話していました。聞かされる方はうらやましい気持ちで一杯。

「フランスではどこに行ったの?」

「えーと美術館」

「いいよねー、アート」

「よかったよ、あの〜なんだっけ？マーブル？」

えっ、まさか？

「それ、ルーブルだよね？」

「あっ、そうだっけ？ルーブル？」

「マーブルとルーブル。似ているから仕方ないか」

いや似てるか？それでいいんかい！

でもまあ、そんなもんか。今時の女の子は……。

「他にはなにがよかった？」

「えーと、あのなんとか門。えーと、あのー、か、か、雷門？」

「それじゃ浅草でしょ」

「そっ、そうだよね。わかっているって。えーとね、思い出した。羅生門」

パリが泣いています。

気合はどこに入れる?…………2016.04.25

今の世の中、根性論は嫌われます。ちゃんと理詰めで話をしてやらないと理解は得られません。生まれた時からPC(パソコン)が身近にある世代、正しく操作しないと動かないものがまわりを固めています。テレビが映らないから、側面を叩いてなんとかしようなど考えもしません。そもそも薄型テレビの時代にテレビを叩く幅すらありません。

むさ苦しく、汗臭いことなど性に合わない若者が多くなるのも当然なこと。大体、精神論で乗り切れることが少なくなってきてるんでしょう。効率優先、機械に精神を説いても始まりゃしません。機械は愚痴も言わなきゃ腐りもしない。では機械に強い若者が機械と同じタフさを備えているかというとそうでもありません。機械に弱い親父が打たれ強く、機械に強い若者が打たれ弱いとしたら、なんとも皮肉なものです。

機械といえば、コンピューター制御が当たり前の昨今の自動車。職人さんが「整備士も電気屋さんみたいになっちまった」とこぼした話も印象的でした。

そんなこと考えていた先日、おもしろいフレーズを聞いてはまってしまいました。

あるスタッフが仕事に行く途中で車に不具合を知らせる警告灯が点《つ》いたという話を始めました。

「大丈夫だった？」と聞くと、

「エンジンもなんだか変な音がし出してやばっと思ったんですよ。高速乗ってるし」

目的地まではゆうに数十キロはあったと語る彼。

「えっ、それで大丈夫だったの？」

「ええ、気合でなんとか着きました」

えっ、気合って。自分に気合入れても走ってるの車だから。　いやちょっと待て、車にも通じるのか気合って。

「気合足りないぞ！」でひょっとして反応するのか？エンジンの調子が悪い、変な音がする時「気合入れろ！」で、静かになってスムーズに走るのか？

ってことはひょっとして、燃費も気合を入れると向上するのかも。でも、どこに入れるんだろう……気合。

ああ、幻のロンドン生活

2016.04.29

いざという時の行動確認はできていますでしょうか？

食糧備蓄・水の確保・懐中電灯、さらには避難場所や経路などなど。そして離れている家族との連絡。日頃からいざという時の共通認識は重要です。

先日、もしもの際の居場所の把握ツールを考えようとわが家でも準備することになりました。それはスマホの位置情報を利用した現在位置を知らせる機能。

こんなやり方があったかと感心しながら、マニュアルを見ながらかみさんに送ってみると、どこにいるかと住所が出ます。自宅でやっていたのでしっかりその番地まで出る。なるほど、これは安否確認ができて安心安心。

それでは、今度はかみさんが私に知らせるということでやってみました。すると、目の前にいて操作しているのに、〝現在地ロンドン〟の表示。

「えーっ、なんで？」

そうか、履歴みたいなもので反応するのか。ちょっと待て、ロンドンなんて行ったことないけど、場所の設定をこうして……、こうなるとアナログ世代には厄介になります。ここを直して、これでどうだ！

「送るよ」

「はい、現在地ロンドン」

えーっ、まただよ。

「ちょっと待って、こっちかな。これでやってみるよ」

「はい。えー、現在地ロンドン」

「えーっ！」

「ひょっとして、この家ロンドンにあるのかな」

「今まで気づかなかったけどそうなのかな、ここロンドンなのかもな」

「そんなことあるかい！」

結果、その日のうちには直すこともできず、わが家はロンドンに居を構えていることになりました。翌日、なんとか位置情報を正しくすることができたのですが、「失敗した、あの住所保存しておけばよかった」と後悔しました。

幻のロンドン生活。現代では自宅でも迷子になるんですよね。

5

ようこそ純喫茶坂橋克明篇

モノの魂 ……… 2011.11.08

同じ種類の花を同じ環境で育てる。そして片方には毎日声をかけ、もう片方には一切声をかけない。すると声をかけない方が早く枯れるという。そんなデータを私は信じます。

物言わずとも生き物であれば、そんな反応もあってなんら不思議はないでしょう。モノには作り手の魂が宿ってしかるべきだと思いますが、大量生産・大量消費のモノには果たしてそんなことが可能なのか、私はそういったものにも意思がきっとあるのではなかろうかと思うことがあります。

わが家の食卓の電球、最近チャコポコとなりだし、そろそろ寿命がきたのかと思い、いつ切れてもいいように換えのエコ電球を買ってきました。換えを用意したからいつ切れてもらってもいいぞ。

ところが、そうなってから不思議と具合が悪くなりません。一瞬消えたかと思うと、また点《つ》く。そしてまた消えて「いよいよだめか」と声を出すとまた点く。その繰り返しです。消えてから点くまでの間隔がなんとなく長くなってきてまた消えた時、「ついに終わりか……」

と、わざと大きな声で言ってみるとまた必死に点きます。こちらもおもしろがってわざとからかうように大きな声で言ってみると、意地になって反応しているのか消えた後にまたもがくように点いたりします。

点くからにはその電球を換える気持ちにためらいが生まれます。もったいないと。なんだか最近ではいとおしくなってきています。不具合になって2週間ほどになりますが、まだ頑張っています。

こうなると身のまわりのものがファンタジーアニメのように手足を持って動き、夜にはしゃべりだしているのではないかと思えてきます。

家に来てから魂が宿ったのか、だとすれば優しく見守らなきゃ。エコ電球は出番をいらいらして待ってるだろうな。

崩れたバランスの修正剤

2011.11.09

自分の気持ちが落ち着くようでこれをするのが大好きなんです。靴磨き。足元を見られてもいいようにブラッシングして、クリーナーできれいにして、仕上げのポリッシュクリームでピカピカにする。消耗していたものが目に見えて息を吹き返し、元気にきれいになるのはいいものです。

磨くほどに美しくなる、人もこうならないものかと思います。外に出て、役に立って、栄養を得て、つやを出し、味が出る。踏まれながらも輝けたらいいですよね。

磨きついでに手入れをしてみようかと、これまで一度もやったことがなかったのですが、靴の裏の点検をしてみました。かかとの減り具合はわかっていたのですが、よく見てみるとびっくりです。気づきませんでしたが癖ってあるものですよね。O脚ですからかかとの外側は減るんですが、それだけではなく親指の下の部分が激しく減っています。それも右側だけ。歩く時の力の配分がよくわかりました。いずれにしろバランスよくきれいに歩けていないということです。

最初はフラットだったのに、時がたつにつれバランスが崩れる。靴ならいいですが、これが自分の考え方や思考法だとしたら……。

右に左に、そのブレを自分でしっかりと把握するのは難しい。そして真ん中にいるのが必ずしもいいとは限らない。

それは状況によりますが、もし一人だけの問題ではなく、地域や国、地球全体になったらどうでしょうか？その軸のチェックは誰がするのでしょうか。バランスが崩れた時の修正は極めて難しいものです。

修正剤が必要なのは政治？経済？それとも愛？

「おばさん学」のススメ

2012.01.25

ちょっと調べましたところ、その分野、まだ確立はされていないようです。あってもいいと思います「おばさん学」。

どうして、そうなってしまうのでしょうか。以前はそんなことなかったのに、いつの間に始まるのでしょうか。

若者は使わない言葉が会話に違和感なくまぎれる。「誰、誰、誰」「まーず」なんて、独特の調子取りの言葉から、思わず発する言葉も「ほげー」「なぬ」なんていう、まあ若者ではさまにならない言葉をこともなげに操ります。若い頃は絶対に言わなかったような言葉が、無意識に飛び出る。

そうさせるのはいったいなんなんでしょう。もともとあったものが気の緩《ゆる》みから顔を出したのであれば、DNAに刷り込まれていたってことです。周囲の環境がそうさせるのでしょうか。でも、おばさんたちに囲まれていなくてもしゃべる人はしゃべります。そしてみんながみんな同じようにおばさん言葉になるわけではない。そんな言葉の出る人と出ない人の違いはどこにあるのでしょうね。

ことばではなく行為もあります。狭いところに割り込む、漬物持ち込んでお茶会始めるなどなど。この背景には、周囲の目より自身の快適さを好む、開き直り的な要素があるのでしょうか。

では男性のおやじ化はどうでしょう。

ダジャレに、下ネタ、若い頃は控えられていたはずだと思うのですが。メタボになって、頭が薄くなり、そんな行為が似合う年代になると、ＤＮＡが覚醒《かくせい》するのでしょうか。

今朝、見かけた子どもたちは雪を見てはしゃいだり、氷の上をわざわざ滑ったり、これはもう本能的なものだと思います。この無邪気な子どもたちの中から何十年後、頼もしいおやじ、おばさんたちが生まれてくるかと思うと、とても不思議に思います。

なぜどうしておやじ、おばさんに変身するのか。そして、どんなタイプが変身するのか、しっかり学問になる気がします。

見てはいけないものでモンモン

2012.10.12

見たばっかりにかえってモヤモヤが晴れない、でも見つけてしまったがためにどうしても見たくなってしまって気持ちを抑えるのもたまらない。で、どうすりゃよかったんだよ～と。似たような経験をお持ちの方は大勢いると思いますよ。

思春期のお子さんをお持ちのあるお母さん。

「あーもう、ちゃんと洗濯物出しなさいよ～」と、運動着の入ったバッグを開けるとそこになにやら可愛い便箋《びんせん》が。

「えっ、えっ？これなに？」

お母さんとても気になります。

封筒に入っているものならともかく、むき出しです。字もびっしり書いてある。一目でラブレターらしいと判別できるもの。プライバシーだし、息子に悪いし。でも封開けるわけでもないし、見えちゃったのなら……と、思考回路がぐるぐるしてお母さんもう、どうしていいのやら。

見ちゃいけない、でも見てみたい。なにが書いてあるのか気になって仕方ない。お母さん決めました「見えちゃった」ことにしようと、しっかり文面読んでしまいました。するとまた、驚きが。『〇〇君この前はありがとう、私も大好きだよ』とラブラブメッセージが書いてあるではないですか。どうも息子から告白したらしい。おとなしいと思っていたのに、その息子が告白とは……、お母さんもうパニックです。

私の知らない息子がいる、しかも知らない女の子といい感じになりそう。もう、お母さんは落ち着きません。

夜、子どもが帰ってきてかまをかけてみます。一般論に置き換えて「まだ中学生なんて彼女がどうのなんて早いわよね～」と言ってみたものの、息子さんは反応なし。肩透かしを喰らうお母さん。敵もさるもの。それから数日間様子見のジャブを繰り出すものの、ヒットせず。かくしてお母さんは、見てしまったがために芽生えた不安と日々戦っています。

見るもモンモン、見ずもモンモン。

母にとって息子はいつまでも手の内にあると思いたいもの。突如として訪れる親と子の距離感、あなたは冷静に対処できますか？

人を好きになるということ

2012.10.16

いくつになっても人をときめかせる、「人を好きになる」ということ。また、そのことを話す様子や目の輝きはいいもんだなと思います。

そして、それが人によって違ったり、さらに一人一人の年齢によっても変わったりするという、まさに十人十色、千差万別のところがまたおもしろいものです。

「ねえどんなタイプが好き？」「あの人、私のタイプ」「ああいうタイプが好きだったとはねえ…」。自分が好意を抱く相手を称してよく使うのが、この「タイプ」という言葉。「人間をなんらかの基準で分類して、その共通する特性を取り出した型」と辞書にはあります。

例えば外見では、派手な感じの人、落ち着いた感じの人、陰のある人、人によりその好みは違うでしょう。また、内面的な部分は、包み込むような母性的なものから、少しそっけない方がというものまで。

でも、好きになるというのは理屈じゃない、なにか特別の感性で「なにか感じがいい」「妙に惹《ひ》かれる」など、頭でない部分で感じるところがまた神秘的で魅惑的なところではないでしょうか。

この惹かれるところがそれぞれに違うのが本当におもしろい。でも持っていた好意が一瞬にして冷めてしまうポイントというのもまた、千差万別で興味深い。

ある女性。素敵だと思っていた男性が、食事をした時の所作があまりにも容姿・雰囲気と違ってがさつに感じた時にいっきに幻滅してしまった。また、あるケースでは、後ろ姿を見たらスーツの肩が落ちていて、スーツに縦シワが寄っていてなんだか急にみすぼらしく見えた、そんなきっかけであっという間に気持ちがしぼむ。

どこをどう見られるか、いちいち気にしていたらやってられませんが、どこをどう見られるかで評価が一変してしまうのなら、果たしてそれまでどこを見ていたのかという思いも芽生えます。でも、相手の素敵な様子を語る時のその女性は明らかに少女の目でした。人を好きになるっていいなと客観的に見ても思いました。好きになる時には嫌いになることをいっさい考えませんものね。

人を好きになるのも一瞬、嫌いになるのも一瞬。人を一生とりこにする「恋」の不思議。力にもなり、牙もむく。この「好き」という諸刃《もろは》の剣《つるぎ》は、なんとも厄介です。

サインの価値

2013.04.09

毎日この番組で必ず出てくる言葉の一つです「サイン」。タンブラーにサインを入れて、ずく袋サイン入り……。言ってはみるものの、言われはするものの、はていいものかどうか？価値などあるのかと思いながら書かせていただいています（笑）。

グッズで言えば、コピー物でなく間違いなく番組を通して入手したものだという記念になるのでしょうが、いったいこのサインというのはなんでしょうね。

本人に会った証拠になるのでしょうか。でも人づてに手に入れることもあるわけで、それを持っているからといって近くに感じることがあるでしょうか。オークションに出品されたもので直筆サイン入りは価値が上がるなんていうのは、本人確認のためのものとしてわかりやすいからでしょうか。

またサインというものが人の手にわたってから、どんな扱われ方をされるのか、なかなか難しいものがあります。いちいちどこにどう飾るか、保管するかまで聞いてサインすることもありません。当然丁寧《ていねい》に扱ってくれると思ってはいますが。

でも見たことないですか、お店に来てくれた有名人のサインを飾ってある店。見たことありますよね。

そのサインが、油まみれやシミだらけになっているもの、見たことありませんか？あゝいうのを本人が見たらどう思うのかなと思います。また人づてにもらったのか、本人が絶対来そうにもないお店に、さもその人が来店したかのように飾られていることもありますよね。それって本人が知ったらマイナスイメージでしょうに。

また、もらっておいたはいいが色紙も色あせて……、でもよく考えたらその色あせたサインより本人たちの凋落ぶりの方が激しいなんてこともありますよね。サインはなんて書いてあるかわからないことも多く、時がたって誰のものか判別不能になることもしばしば。

サインした後、そのサインの価値を決めるのはもらい手なのかもしれません。サインの価値の上昇や低下の兆しは、もらい手の扱い方がなによりのサインになるでしょう。

人のふり見て

2013.07.04

傍目八目《おかめはちもく》、人のふり見てわがふり直せ。まずたいていの人が知っているおなじみのことわざです。

ただこれ、そう感じられる状況でこそ生きるんですよね。それを意識していても、それができない状況だとなにもできず「またやっちゃった…」となります。でもみんな大体一緒、愛すべき人たちですよ。はたから見ている分にはほんといいんですけどね。

繰り返して、何度もやっちゃうもの、それは「酔っ払い」。

この呼び名がまずいいですよね。どこか茶目っ気を帯びていて。暗い酒はいただけませんが、明るい酒は周囲も、また完全なる外野も思わずクスッとなります。

先日も私はまったくのしらふで通りを歩いていた時、居酒屋で会を終えた大グループが、店の前で騒いでいました。そのつもりもなかったもののしばし人間観察。

見ているうちに、いくつかのグループに大別できることに気づきました。

大体共通するのは大声になるシャウト型。

「そうでしょ！そうなんだよ！」

そして、自分の意見に合うコメントに対しては指さし型。

「そう！そこ！」

さらに言葉尻など捉えておちょくるように畳み掛けるリピート・からかい型。

「私がやりますですか。私がやりますですか！」

また、慇懃《いんぎん》無礼口調豹変《ひょうへん》型。

「それは私でありまーす。失礼をばいたしました」

大体が言った後に薄ら笑いを浮かべています。

この特徴の出方が極端であればあるほど、日常の抑圧が強いんだろうなあと考えさせられました。果たして私はどのタイプだろう、そう考えていてもあまり意味のないことに気づきました。出ちゃってる時は、もう抑制ができないんだから。

「人のふり見てわがふり直せ」と、ぜひセットで胸に刻みたい。

「酒は飲むとも飲まるるな」

朝練の意味

2013.10.23

話題になっていますねえ。意見がさまざまで実にその判断は興味深い。

「県内中学生の朝の部活動練習（朝練）を禁止」

原則朝練は行わないということです。ではその理由はなんでしょう。食事と睡眠、生活リズムを考慮したというのが主な点だそうです。さらに練習の不足分は外部スタッフの有効利用で補うと。まあ人的にも経済的にもどれだけのサポート体制があるのかとも思いますし、それを当たり前と思ってやってきた人間には実に疑問です。

時間のやりくり、体力のつけ方の工夫、与えられた状況の中で個々人が幼いなりに向き合ってきたもの。これを「時代」のひと言で不要と片付けるのは簡単です。

いろいろ大変な時代になってきたからというもっともらしい理由のようですが、その大変の本質はなんなのでしょうか？

現代では効率化を図るためにさまざまなものが生まれています。それにもかかわらず、効率化によって生み出された時間はいったいどこにいったのでしょうか。ＰＣ（パソコン）もスマホも、ＳＮＳ（インターネット上の交流サービス）もなかった時代には今より時間がなかったはずです。その頃よりも大変だということは時間を使う能力の方が落ちているのではないでしょうか。身の回りの処理能力は上がった分、人の処理能力が劣ってきているとしたら、それは果たして進化でしょうか、退化でしょうか。

朝練の原則禁止も、個々の対応ではなく県内全体として指示しないと動けないとしたら、その自主性も寂しく感じられます。いたずらに不公平が生まれないようにという配慮かもしれませんが、公平感と差別化はそんなに簡単に実現できるものでしょうか。

なによりも、中心となる子どもの受け止めはどうなのか、もっとも興味のあるところです。こうした時の判断は大人が子どもで、子どもが大人の考えを実は持っている、そんなことはありませんか。

転ばぬ先の杖。元気一杯の時には杖はかえって邪魔なものです。

実直さの功罪

2013.12.11

かつて学んだことを忠実に実践する。その実直さはすばらしい。

おそらくその方は、国語学習の際の音読の勧めを守ったのでしょう。そして、社会に出てからは声出し確認の大切さを痛感しているのでしょう。あくまでも勝手な想像です。

接客業ともなるとやはり「さわやか明るく元気に」これは基本でしょう。それがスーパーのレジともなれば、毎日何十何百という人に接することになります。一人一人に対して同じことを徹底して繰り返す、当然とはいえ大変なことです。

例えばお客そっちのけでレジ担当者同士で話をしながらレジ処理をする、がさつに商品をカゴに入れる、無言で処理する、時にはそんな店員さんに出くわすこともあります。そんな買い物を台なしにするような対応にはがっかりします。二度と訪れたくなくなります。逆に、いつもきびきびはきはきと、そんなレジ担当者のいるお店はいいですよね。

あるお店、元気なレジ担当が気持ちがいいので話題になっていました。

商品の処理も全部大きな声出し確認。お客さんも、本人も確かめながら気持ちよくレジを通しています。

「５６８円が1点、２３５円が1点、１３７円が2点」

こんな形で、しっかり処理。ただ商品、状況にかかわらずそのスタイルを貫くのです。

すでに夕刻、レジに大勢の人が並んでいる。そしてカゴの中の商品を手にしていつもの調子で声出し確認。

「６８４円の半額が1点、４２４円の半額が2点、２１６円の３割引きが1点、３８０円の半額が３点……」

大きな声で読み上げ処理をしてくれるのですが、買ったものはほとんどが割引品。悪いことではないものの、買い物をしていた奥さんは、なんとなく気恥ずかしくなってしまいました。

ある日から奥様たちの間では、半額セールの日はあのレジは避けた方がいいという声も聞かれて。

ＴＰＯは難しいものです……。

二つの楽しみ

2014.11.07

私には夢というほどではありませんが、ここ数年その時が近づき、楽しみにしていたことが二つありました。それは、その時期が来ないとかなえられないことで、その時にともに存在していることが条件でした。

一つは免許を取った子どもが運転する車に乗せてもらうこと。

いつも助手席に乗せていた娘が免許をとり、その助手席に乗せてもらえるようになりました。そこには自分が運転する時にはなかったドキドキ・ハラハラ・ワクワクという少しの恐怖をうれしさが包む感動がありました。

そして残りの一つを先日味わいました。

20歳を迎えた娘と外でビールで乾杯すること。

まださまにならないながらも、おいしそうに飲む娘の顔が妙に大人に見えたものです。私はその時の味をよく覚えていません、うまかったのか苦かったのか。味わったのはビールではなくその空気だったのですから……。

その楽しみにしていた二つ、私はいずれも母親とはかなえることができませんでした。もしできていたら、自分はどんな気持ちで車に母親を乗せたのか。どんな気持ちでビールを飲んだだろうか。またこんな気持を感じたのだろうか、こんな気持ちにさせてあげたかったなあと、しみじみしてしまいました。生きるというのは、いろいろな思いをつなぎ、つないでもらうことなんでしょうか。

そんなことを考えていたここ数日。今朝出てくる前に初めてあるものを見せられました。10年ほど前に子どもが絵を習っていた時に描いた絵です。絵の先生からいただいたものです。そこには、必死に父親を描いた娘の絵がありました。そしてその手にはマイクが握られていました。朝からしっかりやられました。会社へ向かうために運転していた車のフロントガラスの景色がゆがんで困りました。

最近、年を取ったせいかこういうことがあると涙腺《るいせん》、すぐに緩《ゆる》んで困ります。

ブカツはドウカツ？

2015.01.07

海外から一時帰国した知人の話。中学生のお子さんも一緒に帰国したんですが、時間があったので知り合いに頼み、中学校の部活を見学させてもらう機会を持ったそうです。

クラブはバスケットボール。そして、その様子を親子で見学したのですが、見学後に娘さんに感想を聞くと「大好きだったバスケットボールを嫌いになりそう」と、大きなカルチャーショックを受けてしまった様子です。そして、その理由はお父さんも感じ取っていたようです。

その家族が暮らすオーストラリアでは、スポーツをのびのびと楽しむということがまず大前提で、子どもが失敗しようが、大人や仲間は見守るという雰囲気の中でやっています。そもそも10代前半の子どもたちのことですから。ところが目にした同世代の日本の部活の様子は、ミスをした生徒を指導者が大きな声で恫喝《どうかつ》し、言われた本人はますます委縮し周囲も固まる。それ見て父親は驚いてしまったそうです。

確かに自分の子どもの頃もそうだったのかもしれませんが、今改めて見ると奇異に映ります。海外では少なくとも個人攻撃はしません。そして大勢の前で「そんなこともできずになにを考えてるんだ、やめちまえ！」というような人格否定はありえません。

大会があってそこも覗《のぞ》いたところ、試合中にもかかわらずミスをした生徒を指導者が怒鳴り散らすのを目撃することになったお父さん。調べてみると、それぞれの指導者は体育が専門ではなく、理科なり数学なりの先生で授業中はとても穏《おだ》やかで優しく評判がいい。ところが部活になると豹変したかのような恐怖感を与える指導者になってしまう。お父さんは、ひょっとしたらそんなマニュアルでもあるのか、といぶかしがってしまったほどだというのですが……。

たまたま覗いたのが例外的な一部でしょうか。しかし、似たような空気は以前からあるような気がします。それを当然と受け入れてきたものには受け入れがたい指摘になるかもしれませんが。

時に異質な文化をあらわすものとしてローマ字表記の英語になる日本語。『ＢＵＫＡＴＳＵ』という新たな日本語が英語辞書に載ることになったら、その説明はどんなものになるでしょう。

刷り込まれたイメージ

2015.02.10

「ああ、本当にあるんだ」と微笑ましく思いながらも感心してしまいました。

先日、東京からの帰りの新幹線に乗ろうとホームに行くと、乗る車両の反対のホームに若い男の子が立っていて、よく見れば背を向けている男の子越しに若い女性がいます。なんとなく空気がそこだけ違う。少しずれた陰から覗《のぞ》いたその女性は目を赤くして泣いている様子。そこでシチュエーションを理解しました。新潟行きの車両で別れを惜しむカップルだと。

シンデレラエクスプレスではありませんが、離れて暮らすカップルが束の間の東京での休日を楽しんで女の子は新潟に帰らなくてはいけない、男の子はまた彼女と離れる生活を明日から送らねばいけないのでしょうか。男性は大学生、そして女性は地元ＯＬでしょうか。

おじさんの頭の中には『木綿のハンカチーフ』の歌詞が流れます。遠距離恋愛は、ちゃんとこの先も続くんだろうかと勝手な想像をしながらそっと見ていましたが、発車後の男性が「あーあ、それじゃまた楽しくやるか」という顔でなく、心から寂しそうだったのには安心しました。当事者は他の視線は関係なく、自分たちの世界に入っていてドラマの主役のような感じになっていました。よくＣＭやテレビドラマなどでは見かけますが、本当にあるんだなあとしみじみしてしまいました。

それにしても、ステレオタイプ（固定観念）のようなイメージとして刷り込まれているものを、実際に見たことありますか？

和服を着ている女性の帯を「よいではないか」と言って、グルグルほどくエロ親父はその当時どの程度いたのか。「おぬしも悪よのう」「お代官様こそ」と言い合う代官と悪徳商人がどれだけいたのか。当然、その場面をリアルタイムで見たというテレビ制作者などいるはずもありません。港港に女がいるという航海士、そしてその航海士が友人だという知り合いも一人もいない。いまだに日本人がちょんまげをしていると思っている外国人を聞いたことも見たこともない。「あちらのお客様から」と言われ酒をごちそうになる女性も、「向こうの女性に」といって酒をごちそうする男も見たことがない。

見たこともないのにいそうな、見かけたような気になっているそんなシーン。

刷り込みというのは妙なもの。ありそうだけどおそらくない、そんなイメージの仕掛け人は、しめしめと笑ってるのでしょうか。

やりたいことはやっていいこと？…………………… 2015.02.18

夢と言うほどのことではないのですが、一度やってみたいことってありますよね。それは実現可能な目標であったり、妄想でしかないものがごっちゃになっているものかもしれません。例えば世界旅行などは叶う夢かもしれない。ただ宇宙旅行だとするとなかなか難しくなります。

やってみたいけれど、実際にそれをやるかといわれると、ちょっと考えてしまう。そういう類《たぐい》のものも夢とされますよね。常々、私の夢はプリンのプールに飛び込むことって言ってますが、作れないこともないし飛び込めないこともない。でも本当にやるかというと別の話です。こうした単純に好きなものに囲まれたいとか、それに溺《おぼ》れたいとかいう願望なども夢でしょう。

夢というか願望というか魂を解放するようなことを、あれこれ気にせずやってみたいと思うことはありませんか？　それは、できることだけどやれないもの。後先のことを考えると大変そうで二の足をふんでしまうこともあります。これをやれば気持ちいいんだろうとストレス発散できることをイメージするけど、やったらやったでその後が、なんて思って結局ストレスをためる悪循環に陥ったり……。

例えば、素っ裸で青い海にぷかぷか浮かぶ、きれいなグラスを思い切り地面に投げつけて割る、ちゃぶ台をひっくり返す、真っ白いアイロンのばっちり効いた上質なシャツをきてカレーうどんを豪快にすする。

やってみたいが、どれもやっぱりできない。自分の気持ちの赴くまま、好きなやりたいことをやってたらそれこそでたらめになる。

いくら自分のやりたい夢や願望であっても、結局最後は自分が困ることを考えて自分の気持ちを抑えるのに、最近は他人に迷惑をかけるのをわかっていながら抑えられないでやりたいようにやる傾向が強いのでは。

それって果たして本当に楽しいことなのか。

自分で気持ちを抑えられないとしたら、止めてやるのはまわりしかいないのだろうか。

グルメレポートはもうおなか一杯

2015.04.17

「なんか、食べてはしゃいだり、旅に行ってばかりじゃない？」

正直、耳の痛い話ではありますが、外での仕事の際に言われる時もあるし、またみなさんからメッセージをいただくケースもあるので、少なからずそう思う人がいるのだとは思います。

決して食べたり旅したりばっかりじゃないし、それ以外の仕事もあるのですが、そんな印象が強いからそう思われるのでしょうね。こうしたレポートも情報発信ですから、新しい店ができた、こんな店があるよと紹介することで、実際の来訪に結びつく方もまた大勢いらっしゃいます。

まあタレントさんも仕事ですからやるんでしょうけど、あまりに数が多いとそれこそ食傷《しょくしょう》気味となるんでしょうねえ。

それとは別に、かつてはこんなにいろんな食の表現ってなかったと私は感心します。グルメレポーターなる言葉が定着するほど、その地位を確立させた人びとの功績はそれなりにあると思います。でも、飽和状態になった今は言葉をこねくり回しすぎじゃないでしょうか。

個人的には食のレポートはあくまでも食のレポートであって、単発。それによって会話がうまくなるわけでも、日常会話のスキルが抜群に向上するものとは思いません。自分自身も経験はあるのですが、映像であれば「うまい」の一言にどの表情を添えられるかがすべてだと思うのです。

そして、確かに言うし、聞いたりもするのだけれど、それってどんな味かわからないとメッセージをいただく言葉が最近あります。それは「優しい味」。確かにねえ、人に置き換えてもなにをもって優しいというかわからないし。まあ便利な言葉はみなが使いたがります。

また「今まで食べた中で一番おいしい」という最大級の賛辞を贈るような言葉。「ちょっと待って、少し前にも同じメニューを食べてなかったかい？」ということもある。それに、その前の店の立場はどうなるの？となるんですがね。

表現するのは難しい、そして褒《ほ》めるって難しいのです。そして褒められた方は忘れなくても、褒めた方は意外に忘れます。

安易な褒め言葉には、心がないケースが多いものです（笑）。

子どもの成長は驚きの連続

2015.05.22

子育ての楽しさの一つに驚きがあります。こんなことできるようになったんだ、こんなこと言えるようになったんだと感じる時。親の予測を超える行動に驚かされる時に、わが子の成長を感じ、それは喜びになります。

最近聞いた親子の会話。

春の高校野球を見にいった小学生連れの親子。小学生の子どもにしてみたら、はつらつとグラウンドで躍動するお兄さんたちは、まぶしく映ります。打った投げたに歓声をあげる観客。わが子が楽しんでいる様子に父親も満足そう。すると、じっと投球を見続けていた子どもが突然話しかけてきた。

「お父さん、あの投手、プレートの踏み分けしてないね」

お父さんはびっくり。

「プ、プレートの踏み分け？」

ストライクとボールを気にするくらいのお父さん。打者によって、プレートを踏み分けて角度をつけるなんてことは想像もしていません。驚いている間もなく、次の衝撃が襲います。

「お父さん、席移っていい？」

「どうした、うるさいかこの席？」

「そうじゃなくて、ここだと投手の球種がわからないからバックネット裏で見たい」

なんたる視点。冷たいもんでも飲んでのんびり野球観戦と思っていたお父さんは恥ずかしさすら感じてしまいます。

「そ、そうだね。ここからじゃ見えづらいから移動しようか」

いつのまにそんな見方をするようになっていたんだと父は大いなる感動。買ってあげていた野球漫画からこんなことにまで興味を持てるようになっていたと心を動かされたのです。目にすること耳にすることすべてから、思わぬスピードや観点で学ぶ子どもたち。羨望《せんぼう》すら抱くその力から、日々受ける刺激は親としても大切にしたいものです。教えるつもりが教えられる。その回数が増えることがなによりの親の喜びにも思えます。

最後にもう一つの驚きを。この観察力を身に付けていた小学生。実は可愛らしい女の子でした。

びっくりしたなあ、もう。

夫婦の色は変わる

2015.06.01

長年連れ添っているからこそわかるものより、長年連れ添っているのにわからないものもあります。

「なんでわかるの」

「なんでわからないの」

ともに「なんで」となります。

「おい！」と言っただけでお茶が出てくる。なんてのは前者の典型。「おい」のトーンだけでわかる妙技です。二人の時間が育んだ賜物でしょう。一方、長年連れ添ったのにわからないってのは、火種になりかねません。

ある夫婦。奥さんは、「まったくなんで怒るかわからない！」と言うものの、息子さんにしたら「またかよ」とはたで聞いていてもそのパターンはわかるという。

琵琶湖への旅行から帰ってきたお母さんに「なんで琵琶湖まで行って魚を買ってこないんだ！」とまずお父さん。

するとお母さん、「だって、そんな魚を買うようなとこに行かなかったんだもん、仕方ないでしょ」

そもそも、琵琶湖は海ではないしという突っ込みはなく、話は進みます。

「まったく、猫にやろうと思ったのに」

「猫にやるための魚買いに行ったわけじゃないんだから。まったく、いつまでたってもいつキレるか、そのスイッチがいつ入るかさっぱりわからないわ」

その会話をはたで聞いていた息子さんにしてみれば、スイッチがどこで入るかでなく、ずっと入ってるんじゃないかと、いつものように客観視。

その物言いはカチンとくるなとわかるところでもスルーしてしまう。このやりとりも50年だそうです。気づいて気づかう50年も、気づかず時に必要なガス抜きありの50年も、ともに味わい深いものですよね。

夫婦だからこそ気づき、気づかえる。夫婦だからこそ気をつかわない。長年連れ添ったからこそ出来上がり、また変化する。

カップルの数だけ色があるものでしょうが、お宅の色は変わりましたか?変わりませんか?

ギーギーとガラガラ

2015.06.25

ちょっぴり温かくも切ない、でもこれが親子ってものかなと思わせます。

息子はとっくに独立し、立派な一人前の社会人で男っぷりもいい。いまだ独身で同居の彼の働く様子を、父親も口数は少なくともうれしそうに見守っています。また息子も毎日しっかりと帰宅し、まじめに働いている様子で親を安心させる。なんとも子思いの父親、親孝行の息子、実にいい関係です。

そんな父親、リタイヤして朝早くに出勤ということもなくなったとはいえ、そこは年齢が年齢で朝早く目覚めてしまう。でも、家族は起こしてはいけないと静かに行動しようと気づかいを働かせる。働く息子を思い、朝一番の太陽が入るように、そーっと階段を上がり、2階の窓を開けにいき、車庫に行って息子の車が出やすいようにそーっとガレージを開けている……つもり。

そうなんです。本人は耳が遠くなって気づかないのです。

階段をそっと上がっているつもりも、階下で寝ている息子は父親が階段を踏みしめるたびに鳴る「ギーギー」という音で毎朝目を覚まします。さらに父親が「カラカラ」と静かに開けているつもりのシャッターの音も息子には「ガラガラーッ」という大音量で聞こえ、起きなさい！というトドメの音となっているのです。

とはいえ、息子を思っての行動だと息子さんもわかるだけに毎朝うるさいとも言えないし、父親は父親で自分が目覚まし代わりになってるのに気づかず、家族のためとお朝事《あさじ》のように当たり前にやっているのが、話をややこしくします。

息子は毎日睡眠不足になろうとも、そこにある親の気づかいに感謝もあり、迷いに迷う日々。言った方がいいのか言わない方がいいのか。ただでさえ睡眠不足の青年は、そんなことを考え、余計に寝不足をこじらせているのであります。

親子っていい……のかな。

男ってばかよね

2015.08.04

世の中の景気というものは、いろいろな場面から知ることができるものです。業種によって、人によって、さまざまに動きは違うのでしょうが、現在みなさんは実感としてどうでしょうか。まあいつの時代でも、言葉に出るのは「あるところにはあるもんだねえ」というもの。つい感心してしまいますが、さてそれが本当に景気・羽振りなのでしょうか、それとも見栄？

先日、ある花屋さんに入ったら所狭しと豪華な花が並んでいます。ディスプレーのように置かれたいくつもの花は、花束でなく大きなフラワーアレンジメントになったもの。お店のオープンなんかに置かれるイメージ。「なにかのイベントですか？」と聞けば、そうでなくある女性の誕生日用だというのです。豪華な花を贈られるような女性が重なる誕生日とは珍しい日があるものだ、と思ったものの、聞けばその花はみんな同じ相手だそうで。

それは人気のママさんの誕生日祝いに用意してくれと、複数のお客さんから注文されたもの。まあ人気の女性がいるもので、こぞって店の近くの花屋さんにお願いしたようです。

お店にしたら大歓迎のオーダー。でも、ふと男性の立場で考えると、まさか同じことを考えている男がこれだけいて、しかも同じ店に重なって揃いも揃って「俺の気配りに喜んでくれるだろう」と考えているかもしれないと、そのさまを想像するとかわいそうにもなってきます。おそらく本人はご満悦のはずでしょう。美しい花は贈られる方としてうれしい限りですが、一緒に届く下心の種は決して花を咲かすことはないでしょう。

女性たちの「男ってばかよね」という声がこだましそうな背景を知って、一生懸命の男性を哀れと思ってしまう。まあ本人がやりたくてやってるんだから大きなお世話ですね。

そうした中、知恵者もまたいるようで、県外から新たに赴任してきた男性は人気の女性がいるお店を花屋さんに聞くそうです。そう、花がたくさん届く人気のママさんの店はお花屋さんがよく知っているわけです。ただ鼻の下を伸ばして花を贈る者がいる一方で、無駄なく情報を集める者もいるんですね。インターネットの情報入手もいいですが、こんな人間くさいリサーチも、欲と打算が浮き彫りになって妙に好感度が上がります。

贈る者に贈られる者、そしてそれを手伝う者。思惑の絡み合いは欲と金の縮図のよう。興味深いのですが、やはり客観視されるとカッコ悪いのは男だけ。

やっぱり男ってバカなんだろうね。

ともに時を刻む

2016.01.22

家族だからいつも一緒にいられるというわけでもなく、子どもの成長に従ってその時間は友人、仲間に多く取られていってしまうような寂しさを感じます。またそうでないとむしろ適応力に不安を感じますから、うれしいような悲しいような気持ちです。ましてや、年齢が上になればなるほど一つ一つ話題も探すようになり、なかなか難しい。それが、父親と娘ともなればなおさらですが、世のお父さんたちいかがですか。

先日、共通の話題や趣味を見つけづらい娘の思いがけない受け入れがあり、心が華やぎました。

父と娘に、洋服や趣味など世代間のギャップがあっても、子どもの意識の中に入れて欲しいと思っている父親。かといっていろいろ言うのもうざがられます。

そんな時、娘から時計が壊れたから直してほしいと依頼が。携帯電話があるからと時計をしない若者が多い中、せっかくのよい習慣をなくさせるのも残念なので、ボーイズサイズで女性がしてもまったくおかしくない私の時計を使うかと聞いてみました。

予想外の展開だったのか、うーんと考えています。

「はめてみな」と言うと腕に当て、どうやら気に入った様子。

「いいの？使わせてもらう」

「そう、じゃあ使えばいいよ」

上から目線ながらも娘が重ねる時とつながったようで、父親としてはうれしくて仕方がない。

もちろん娘とは目に見えない、計れない時をつないでいる日々ですが、直接娘の手元で親の時計がその時を刻むかと思うと幸せです。唯一、私の母親が買ってくれた思い出の腕時計は、母とともに刻んだ時がわずかだったなあと見るたびにしみじみします。

成長の時を見守るわが分身がいい仕事をしていると思っていたら、一昨日、修理した娘の時計が戻ってきました。

果たして戻った娘の時計はまた娘の腕で時を刻み重ねるのか。貸した私の時計、「返しなさい」とは伝えていませんが、どこで時を刻むことになるのか……。

同じ時代の同じ時間を刻める時計。その時の価値はプライスレスです。

休日仕様の日

2016.05.02

GWの今日は、暦どおりに出勤する人、お休みを取った人に分かれますね。通勤の道も多少空いていた感じだったのは、少なからず休みの人がいるんでしょうね。せっかくの大型連休であれば、滅多にできないことをやるのは結構なことです。でも滅多にできないことを自分がやるのはともかく、やられるのはいかがなものか、これは焦ると思います。

なんとなく休日モードの緩《ゆる》んだ和《なご》やかさのある朝、こんな出来事があったそうです。番組スタッフがいつものように朝の出勤でバスに乗ったそうです。休みのダイヤとはいえ、たどるコースはいつもどおりのはずでした。ところが、本来は右折するポイントをあろうことかバスは直進。いつもと違うコースを進むバス。乗客たちは自分が間違えて違う路線のバスに乗ってしまったかと青くなっています。

バスが道を間違えるはずはない。休みだから路線違うのか、いやいやそんな表記はなかった、と乗客の中で不穏な空気が漂います。乗っていたスタッフも「えっ、このバスは休日仕様？これ私の頭がどうかした？」と一瞬戸惑ったようです。

その時、その空気を破る一言が運転手から発せられます。

「やべえ」

この一言で、乗客たちは間違っているのは自分ではないとほっとするやら、目的地に着けるかどうか急に焦るやら。

結果、いつもとそれぞれ違うところで降ろされる羽目になったのですが、クレームが出なかったのは日本人が穏《おだ》やかなのか、いらだちも休日仕様だったのか。

いい人ばかりでよかったね、運転手さん。

好きな食べもの

2016.05.25

子どものまっすぐな正直さをまぶしく感じるのは、大人になるにつれいろいろなことを知り、あれこれ考えてしまうからでしょう。まわりの目や空気などお構いなし、それが一番の子どもの魅力であり、子どもらしさの象徴です。子どもながらに大人びた気づかいなどは周囲を固くします。しかし、子どもらしさ全開が大人のまったく予想もしていなかった状況で露見すると、予期せぬ展開に大人が慌てることもあります。

あるピアノ発表会。子どもたちの晴れ舞台に大勢の親御さん、ジジババが詰めかけホールは満員です。その中でステージ衣装に身を包んだ子どもたちが、可愛いらしくも堂々と演奏を繰り広げます。みんなわが子のように思える子どもたち。発表前にプロフィール紹介が、先生からアナウンスされます。

「一番えりかちゃん。△△小学校3年生。好きな科目は国語」というようにいかにも子どもらしい紹介が行われます。そして子どもの発表会ならではというのが、「好きな食べ物は？」という紹介。どうやら事前に子どもたちにアンケートを取っていた様子。アナウンスで紹介されるメニューといえば、ある子はハンバーグ、ある子はカレーライス、そしてまたある子はグラタンなど、子どもが大好きなメニューがつぎつぎに紹介されます。

そうした微笑ましい紹介も中盤にさしかかった時、ある女の子の順番になりました。

「続いては▲▲小学校●年〇〇ちゃん。ピアノを弾くのが大好きで、いつもお姉ちゃんと楽しく練習しています」と紹介が始まります。

「あら、いいわね、姉妹でピアノ練習なんて」「本当ね、可愛いでしょうね〜」などと、客席から声が漏れます。紹介はさらに続きます。

「好きな科目は音楽」

「それはそうよね、だからピアノもやっているんですもんね」「可愛らしいお子さんね」などの反応のある中、締めくくりの紹介が流れました。

「〇〇ちゃん好きな食べ物は、きゅうりの糠漬けとサンマのみりん干しだそうです」

「い、い、いいじゃないのね〜。なんだか妙に親しみを感じるわね」

会場内はその日一番の和《なご》みが生まれました。ナイスコメント。

6

ラジオはやっぱり欠かせない篇

ラジオの受け手は家族

2011.04.28

ラジオ、テレビ、インターネット、新聞など、メディアといわれるものはいくつもありますが、それぞれに特性があるものです。

今や住み分けの領域がかつてほどはっきりしておらず、食い込んだり、また食い込まれたりして、という部分があります。おのおののメリットを生かして、個性を発揮して受け手に伝えるわけですが、時代の中で変わり、その時代だからこそ際立つ部分が出てくるんですね。特性というより『味』と言い換えましょうか。

私は、ラジオ、テレビともに経験していますが、今さらながらわかることってあるんです。テレビはやはり圧倒的な数の受け手に届くメディアです。「双方向」というのは耳に心地いい響きですが、その時間的な制約もあるため、なかなか実現は難しいものです。テレビという送り手から投げられたボールは、多くの受け手に届きますが、投げ返されることはあまりありません。ましてや他のプレーヤーに送球することを期待するのは困難。ただグラウンドのスペースをいっきに埋めていくぐらい、広く多くの受け手に届きます。

対してラジオは絶対数は少ないものの、投げ込まれる球に対して打ち返す、投げ返してくれることが実に多い。点として受け止めてもらった地点から、また横に結ばれ、点から線になり、そしてやがて面になりスペースをじわりと広げていく。最初に投げた球が、それより大きくなったり、カラフルになったりすることがままあります。そして多くの場合そこに温もりが加わり戻ってくるのが、このメディアの特性ではないでしょうか。時に仲間の意識を超えてのつながりになります。こんな時代だからこそ、そのつながりが染み入ります。

テレビの受け手は、お客さん。

ラジオの受け手は、家族。

距離感の違いがメディアの色、いや『味』ですね。

続けているといいことあります

2012.04.20

光陰矢のごとしとはいえ、年齢が上になるにつれ、その矢を放つ弓のしなりがきつくなってきて速度は増します。年を取る速度は自分では認識しにくいですが、まわりが成長する早さでそれに改めて気づきます。それを実感するものが思いもしなかったお便りだと、うれしさと戸惑いの感情がうまく処理できなくなるものですね。

最近こんな報せをもらいました。

小さい頃、ラジオにメッセージを寄せてくれていた一人の少年。その彼が、いつのまにか進学し就職の時期を迎えたのです。当時あまりにラジオに夢中になっている彼が私に、「将来、大丈夫か」と冗談を言われていたことをなつかしく思い出し、しっかりと成長した姿を知ってもらいたいと思って手紙を出してくれたそうです。書かれたラジオネームを見て、私も彼のことをしっかり覚えていました。このようなリスナーとの関わりというものを実感すると、たまらなくありがたくなります。

彼の手紙は文面も理路整然としていて、その成長ぶりに感心すると同時に直接会ったことがなくてもなにか伝えたい、そして受け止めたいと思うこの感覚に、なんともいえぬ縁のようなものを感じました。

どこで誰に、どんな影響を与えているか。それが思わぬ形でプラスに働いていた時、思いがけないご褒美《ほうび》をいただいたような得をした気分になります。

リスナーは家族とよく言いますが、こうして身内が立派になっていく姿を確認できるのはありがたいことです。そしてそれが、長い習慣につながりやすいラジオというメディアの特性だと思うと、またいとおしくなります。

親が聞いていて、その子どもも聞き、またその子どもも、そんな形でつながっていく。習慣が点で終わらず線になっていく。

それはまた送り手の役割の一つなのだろうなあと気持ちを新たにする瞬間です。

長くやっているといいことあるなあ。

届けるのは魂

2012.05.30

ラジオのいいところはどこですか？と聞くと、よく「ながらで聞ける」ということがあげられます。確かにテレビはまず映像あってこそのものですから、そこにはある程度の集中というものが求められます。

一方ラジオは、しっかりその前でじっとして静かに集中して聞き入るという方は、まあプレゼントコーナー以外いないでしょうね。育児をしながら、運転をしながら、農作業をしながらと、なにかの行為のお供にということでしょう。

〝ながら聞き〟というと、なんとなく注意力が散漫になりがちなのかなという印象ですが、意外にもラジオは伝わるものなのだなあと感じさせられることがあります。

「まだまだ新人さん緊張してるね。唇が固いのがわかる」とか、「○○さんは腹から声が出てないね」とか、こちらが「えっ」と思うほどよく聞いていただいている部分があって驚かされます。それから「ショッピングコーナーのあの人は上手だけど、あの人はちょっとね」なんて話まで。

今回のリスナーのみなさんとの旅行の中でドキッとすることをずいぶん聞かせていただき、緊張感を新たにしました。

そしてそれぞれに好きな声というのもあるんですよね。低音の飯塚敏文アナウンサー、中澤佳子アナウンサーの明るい声、菊地恵子さんの笑い声、人の好みはおもしろい。人間に与えられた楽器でもあるこの声。その楽器そのものから奏でられる、テンポ・リズム、どっちも合うもの、またテンポはいいのに声質がなあとか、また声はいいのにテンポがなあとか。みなさんの声の好みはどんなものでしょうか。

耳なじみもいい、声質もいい、でもなにか胸に落ちない。こんなケースが一番厄介です。弁は立つけど、まわりが動かない。魂がないと、最終的には届かないんですよね。

声で治める「声治」もできてない……ということなのかな。

見えないところでも

2014.02.25

普段、毎日みなさんに聞いていただいている放送というものは、私どもが最終ゲートとして形作ってお届けしています。

当然ですがここに至るまでの作業を、スタジオ内のしゃべり手がすべてやっているはずもなく、ディレクターが構成を考え、相手があればアポを取り、台本を書いてなどの作業があります。そして、それに合わせ技術さんもＣＤやテーマ音楽などを用意するなど、私たちとタッグを組みます。もっといえばそれ以前にも営業さんがスポンサーと契約を結んできてくれて、それを編成でやりくりして、といった作業があってこそです。民間放送は売れないとやっていけませんから。と、ここまでは一般の社会でも組織の中では似たような構図はあるでしょう。利害関係者とのやりとりも仕事の一部ですから。

しかし、放送局には独自のフィルターがあります。ここに着目したら、なかなかユニークな構図が見えました。それはオペレーター。みなさんのメッセージやクイズの応募を受ける人です。

毎日多くの方から応募をいただきますが、常連さんもいるので、電話をかけてきてくださる人はもう知り合いのような感じなのでしょう。友だちとの会話のように夕メ口はあるわ、近所のおばちゃんとの口調のようになるわ、その人の性格がイメージできます。とはいえこちらはもちろん「ですます」調です。なかには顔が見えないのをいいことに強圧的な人もいますが、まあすべてそれも人間性。

そして、大半のみなさんがラジオネームというのを使います。それをうかがうのが、大まじめにやるがゆえにはたから見ると滑稽《こっけい》に見えることもあります。

「はい。わかりました。ではラジオネーム確認します。『野球バカ様』でよろしいですね？」

マニュアル通りとはいえ、「様」をつけるとかえってバカにしているような……。

他にもこんなケースもあります。

「そうしたケースは大変ですよね。ではメッセージありがとうございます。ラジオネーム『お疲れちゃん太郎様』で承りました」

こうなるとふざけているようにしか聞こえないのですが、いたって真剣。これも立派な業務です。

知らないお仕事のユニークさ、みなさんもぜひお知らせください。

たかがラジオ、されどラジオ

2014.08.08

毎日みなさんからリアクションをいただくこと、本当にありがたいと思います。最近は思いがけないところで、思わぬ世代からの反応があることに驚くこともあり、うれしい戸惑いを覚えることもあります。また、それを当たり前と思ってはいけないことも日々感じながら、マイクに向かっています。そしてそうした反応をいただくためにどうすべきかを考え、やるべきことを毎日積み重ねることの重要性を感じています。

さて、送り手として放送に臨む心構えとは別に、私は聞いているみなさんにはこう聞いて欲しいなと思っていることがあります。

決して真剣すぎるほどに聞き入らず、負担なく耳に入ることだけを聞いていただければ幸いです。「たかがラジオ、されどラジオ」ということでしょうか。聞き逃したら困る、どうしようなんて義務感ではなく、聞いていたらちょっと得することもあるのかなという程度で受け止めていただくのがありがたいと思っています。そして、その中心には「仕方ないなあ、まったくしょうがない、くだらないことばっかり言って」という肩の力が抜けるような話を散りばめられればと思っています。そもそも難しい話などできるはずもなく、みなさんに笑顔になってもらうような話が一つでも多くできればと思うだけです。

笑顔が素敵でない人がいないように、笑いは周囲を明るくしますし、免疫力を上げるということも医学的にも立証されています。そして、かつて番組パーソナリティの菊地恵子さんの笑い声で自殺を思いとどまったというメッセージをいただいたこともあるほど、時にその力を再認識することもあります。「笑わせてもらって元気をもらってる」などと言われると、それこそ担当者冥利に尽き、甲斐があるとうれしくなるものです。

先日はまた意外なことを聞き、驚きました。介護をしてる方、母親の気管の能力が衰え、痰《たん》などを出させるのに苦労していたのが、この番組での話を聞かせてあげたら、声を出して笑うことが増え、それを繰り返すことによって痰の処理が楽にできるようになった、感謝ですと。なんとも驚きの効果ですが、これもまた笑いの力の一例なのでしょうか、笑いの力の大きさや深さを知る喜びは、底知れぬ楽しみももたらしてくれます。これからもみなさんと探っていきたいと思います。

名は体をあらわす

2014.12.03

時にアンフェアだな、と思うことがあります。

先日家の屋根裏に不具合があり、建築屋さんにお願いして来てもらいました。責任者と職人さんの二人、着くなり早速作業に取り掛かり、黙々と仕事を進めるその実直な様子は、まさに職人。そして作業終了後、お茶をお出しして会話をすると職人さんに言われた一言にびっくり。

「坂橋さんて、あの坂橋さんですよね？」

「あの坂橋さん」が、どの坂橋を示すのかとは置いておいて、

「ひょっとしてラジオ聞いていただいているんですか？」

「出たことあります」

「ラジオに出た時の名前、ラジオネームなんかありますか？」

「言いません」

「えーっ、気になる」

お茶を飲みながら食い下がっていると向こうから「浦島太郎です」と言われました。えっ、話についていけないってこと？浦島太郎状態？あっそうか、ラジオネームのことか。その名前なら記憶にあります。

印象的な名前は覚えているものだなあと考えていると、

「それは以前で、最近のラジオネームは『あんみつ食べたい』です」

それもしっかり覚えていて感動。あんみつ好きの私の記憶にしっかりと刻まれてます。

「そのつどいいよね、食べたいよね、と突っ込んでいますよね」と言うと、

「その時どきの気持ちをラジオネームにします」ということでした。

うーん、こうしたラジオネームの人はこういう感じの人なんだと、顔と名前が一致した妙な感動を覚えました。

しかし、送り手と受け手。一方は顔を把握していても一方はまったく情報なしから始まります。それでも始められる、これがラジオのいいところかとも思いましたが、変な高揚感の後にはたと気づいてこれもラジオらしいなと改めて考えました。

変な高揚感にひたっていたせいで、あの職人さんの本当の名前を聞くのを忘れました。

ラジオは農具の一つです

2014.12.12

番組をやっていて日々みなさんから、多くのメッセージをいただき明日への力としておりますが、なかにはこれは名言だなあと感じるものもあります。

その最《さい》たる例が「ラジオは農具の一つです」。

これは全国に行って話をする折にもみなさんがうなるような言葉で、本当にありがたく励みになります。この番組をやっていたおかげで出合えた言葉だなあとつくづく感じます。

そして最近その言葉からの派生でしょうか、こんな味のある話を聞いて、さらにじんわりうれしくなりました。

「草取りしようと思って鎌を忘れても取りに戻らないが、ラジオを忘れたら取りに戻るさ。鎌を忘れても草取りはできるけど、ラジオ忘れたら仕事にならないから」

なんとも味のある、決して飾ってはいないけど温もりのある言葉です。以前にもこれと似た行動をされる方がいらっしゃるのを聞いたことがあり、このようにラジオの本質を語るような言葉は改めて聞くとうれしいものです。

黙々となにかに向かう時、孤独を感じるような一人の空間、それが仕事でも暮らしでも、そんな空気にラジオは体温を与えるような存在でなければならないと、また思いを強くしました。水であったり、空気であったり、あることが当たり前と慣れてしまっている、でもいざなくなったら大変な存在。そんな存在に。

そして強くは意識はしないけど、自然に暮らしに溶け込んでいる、そして無意識に安らぎを与える。そんな存在ってなんと価値の高いことかと感じています。

少しでもいい空気、おいしい水になるよう日々頑張っていかないといけませんね。

血糖値高子です

2015.07.02

長くやっているというのはこういうことなんだなあと思います。この番組は、受け手との双方向というのがなによりも特徴だと思っています。みなさんそれぞれが、SBCの番組だ、坂橋の番組だということではなく、「自分の番組だ」と思えるくらいに楽しんでいただけるのが一番。リスナーが気軽に投稿して、電話に出て、またそれを楽しむ人がいる。一般の人を楽しみにする一般の人がいるというのが、番組の強烈な色になるんです。双方向をうたってもその実、一方通行であれば受け手は正直なもの、反応しません。本当に寄り添っているかは受け手が決めることですからね。

そんな中、最近特に感じるのは、みなさんが主役になって遊びはじめている、コーナーの登場者にも余裕がある、話し方もネタも巧みさを備えている方が増えています。そしてこの番組の肝を把握した、笑いのセンスが感じられる人が多くなったなあと思うのは、8年やってきている味なのかなと実感します。

一番わかりやすいのが、ラジオネーム。ラジオというのは不思議なメディアで名前を名乗らなくとも話ができ、またいくつも使い分けられます。この投稿にはこの名前などと、上手に分けている人もいます。そして、そのラジオネームにもセンスがあらわれます。この番組だから許され、この番組だから言えるというものは担当者として喜びを感じます。

自らをさらけ出してくれる「72kg」。ラジオで言ったものをそのまま採用してくれた「ちくびっけ」。流行語をアレンジした「バカの壁ドン」。地名をアレンジした「マンハットゥン」など、そのセンスに脱帽です。こちらを笑わせようという意図は感激もの。ただそれに走りすぎての空回りは少々痛い時も……。受け狙いに自分をさらけ出し、あうんの呼吸に近づく感じはなんとも愉快。それぞれが番組のピースになっていることを、しっかり感じていただいているのでしょうか。

とにかく、長くやると共通理解・共通認識が生まれ、そして遊びも生まれと、裸になれるのがこのメディアの味。どんどん番組に入ってきていただきたいものです。

そんな中、また一つ昨日はまりました。ラジオネーム「血糖値高子」。自虐《じぎゃく》も笑いにしちゃいます。それを聞いたスタッフは「今度、僕は尿酸値高夫でいきます」。

こんなやりとりが張り合いになり、「あなたはどんどん、受け手を好きになる」そんな魔法をかけられているようです。今日も待っています。

「ずくだせえぶりでぃ」2000回 …………………… 2016.01.07

第1回放送は、平成20年（2008）3月31日。あれからまさかこんなに回を重ねることになろうとは思いもしませんでした。

平成28年1月7日、通算2000回となりました。8年の月日を数え、放送時間は約8000時間。聞いていただくみなさん、支えていただくスポンサー、そして楽しく伸び伸びとやらせてくれるスタッフがいたからこそたどり着いた地点だと思います。本当にみなさんありがとうございます。地域が育む温かさ、時間を共有するつながり、この場所ならではの信州の人と物というなによりの宝を、この番組で改めて教えてもらう日々です。その1秒1秒を積み重ね、この場所が私にとって学びと成長の場になりました。

前代未聞の参加型の番組スタイルで挑戦した番組。生の電話、寄せられるメッセージはさまざまです。悲しみや孤独を感じている人は苦しいのは自分だけじゃないと温められ、その温もりがまた別の人の寂しさや嘆きを消す。孫の誕生や子どもの成長を喜ぶ声にはそうだよねと、わが身を振り返って自分のことのように喜び涙してくれる。届く声がそれぞれの距離を近くし、温もりを保ち、つながりを強くし、輪を広げていく。こうして集まる声は、まるで『ずくだせ家』に住まう人の家族の声を表現しているかのようです。番組に寄せられる声は、今そこにある日常の人びとの息づかいが感じられます。こうしてみなさんと今を共有できる心地よさに、私自身もなにより安心を覚えるようになりました。私が飾らないで自分を出せる環境は、みなさんが作ってくれました。リスナーがリスナーを気にするほど、なんともくつろげる舞台の提供者にもなってくれました。こうした最高の環境を整えてくれたのは、いつの間にか築かれた『ずくだせ家』で、本当に本当に感謝です。

何回、何年までと数字を目標にしたことなどありませんが、昨日より今日、今日より明日、明日より明後日と日々楽しく充実する時間を心掛けていきたいと、信州一、一語の単価の安いしゃべくりを目指していきたいと思います。リスナー一人一人が主役のこの「ずくだせぇぶりでぃ」。その成長は、みなさんそれぞれが見守ってきてくださったはずです。そして、この先の成長はまた今後の時間の中で、みなさんも楽しみにしていただければ幸いです。

本当にずくだしてやってきてよかった、ずく出して聞いてきてよかった。そんなふうに思い、また思っていただきながらこの先の放送も楽しんでいただきたいと思います。

さあ「ずくだせぇぶりでぃ」、２０００回スタートです。

あとがき

「あの毎朝の挨拶《あいさつ》は自分で考えているの？あれ本にしちゃえば？」

何気なく言われた言葉がきっかけでした。「今日はなんの話から始まるんだろう……」、そんなふうに楽しみに聞いていただいている人がいる。

番組冒頭の5分ほどの時間は、表現する場所がある幸せを日々かみしめる原点回帰の時間。そして、そこがなによりも大切なスペースとなりました。新聞、雑誌などからのネタではなく、自分なりに感じたことや、日々の生活で耳に入り、目に止まった話題、ずっと思い続けていること、朝のお茶飲み話のような感じでみなさんに聞いてもらう。それが、いつの間にか番組のスタイルになっていました。

ちゃんと聞いてくれている人がいる、そこから聞くのが楽しみと待ってくれる人がいる。番組に届く反応が毎日の励みとなり重ねること9年目に突入。「あれ書きためてあるんでしょう？」の問いに、慌ててストックし出したものも、気づくと大変な分量になっていました。

そこで番組通算２０００回を機に一つにまとめてみようかと話を持ちかけたところ、しなのき書房さんがおもしろがって乗ってくださり、今回の発刊ということになりました。改めて読み返してみると言葉足らずのもの、ピンボケのもの、恥ずかしいものなども数多くありました。生放送とは違い文字になるとまた難しく伝わりにくいものもありますが、音声メディアの文字記録と思い、過去のオンエアーを思い出しながら振り返る時間のお供にしていただければ幸いです。リスナーと日々積み重ねてきたことの一つの記念に、ラジオを今度は読んでみていただければうれしい限りです。

一歩一歩、毎日の地道な積み重ねでしか遠くには行けない。これからも日々の一秒一秒を大切に受け手のみなさんとの時間に彩りを加えていきたいと思います。受け手がいてこそのしゃべり手、受け手に届いてこそのしゃべり手。

言葉は言霊《ことだま》。魂込めてしゃべっていきます。

最後にバラエティに富んだ話題を提供してくださったリスナー、スタッフ、そして家族に感謝です。本書は、いわばリスナーとの間をつないだ日記のようなもの。この日記が一ページでも多くなるように、日々またみなさんとの時間を紡《つむ》いでいきたいと思います。そのためにはズクを惜しまず、話題に嗅覚を研ぎ澄まして、

ずくだせえぶりでい！

番組パーソナリティ

坂橋 克明（さかはし・かつあき）

昭和40年（1965）1月29日、長野市生まれ。早稲田大学卒業後、信越放送に入社。SBCテレビ「みどりのたより」「ほっとスタジオSBC」などを担当、現在はSBCラジオ「坂ちゃんのずくだせえぶりでい」（月―金曜9：05～12：54）のパーソナリティで、信越放送アナウンス部長。趣味は「阪神タイガース」というほどの熱狂的なファンでもある。

読むラジオ 坂ちゃんのずくだせえぶりでい
2016年7月27日　初版発行
2016年8月2日　2刷発行

著　者　SBCラジオ
発行者　林　佳孝　発行所　株式会社しなのき書房
〒381-2206 長野県長野市青木島町綱島490-1
TEL026-284-7007 FAX026-284-7779

印刷・製本／大日本法令印刷株式会社

ISBN 978-4-903002-52-1